数学写真集（第3季）
——无需语言的证明

范兴亚　管　涛　程晓亮　朱一心　于荣辉　编著

机 械 工 业 出 版 社

本书由近百个"无需语言的证明"组成. 无需语言的证明（proof without words）也叫作"无字证明"，一般是指仅用图像而无需语言解释就能不证自明的数学结论. 无需语言的证明往往是指一个待定的图片，有时也配有少量的解释说明. 本书正是因为图片丰富而趣味十足，所以取名为《数学写真集》.

本书是数学爱好者的上佳读物，既适用于中学生和大学生的课外参考书，也可作为中学和大学数学教师的教学素材.

图书在版编目（CIP）数据

数学写真集. 第 3 季，无需语言的证明/范兴亚等编著. —北京：机械工业出版社，2016.6（2024.10 重印）
ISBN 978-7-111-53649-9

Ⅰ. ①数… Ⅱ. ①范… Ⅲ. ①数学-通俗读物 Ⅳ. ①O1-49

中国版本图书馆 CIP 数据核字（2016）第 088389 号

机械工业出版社（北京市百万庄大街 22 号　邮政编码 100037）
策划编辑：韩效杰　责任编辑：韩效杰　孟令磊
责任校对：薛　娜　封面设计：路恩中
责任印制：单爱军
北京虎彩文化传播有限公司印刷
2024 年 10 月第 1 版第 9 次印刷
169mm×239mm·7.25 印张·79 千字
标准书号：ISBN 978-7-111-53649-9
定价：39.00 元

电话服务　　　　　　　　　网络服务
客服电话：010-88361066　机 工 官 网：www.cmpbook.com
　　　　　010-88379833　机 工 官 博：weibo.com/cmp1952
　　　　　010-68326294　金 书 网：www.golden-book.com
封底无防伪标均为盗版　机工教育服务网：www.cmpedu.com

前　言

　　记得在北京师范大学李建华博士给研究生开设的"高观点下的初等数学"这门选修课上，我第一次接触到了"无需语言的证明（亦可称为"无字证明"）"．一个简单的图示十分简洁地表示了代数平均、几何平均、调和平均之间的关系，如此的"直观"，给人以顿悟的感觉，激动之情溢于言表．从那时，我知道在数学教学中，"慧根"尚浅的同学也有了福音——那就是避开冰冷的公式推导，直接感受公式的正确，也就是"无需语言的证明"．后来我发现这种在课堂上试图用"无字证明"的方法帮助学生理解数学并不是什么新鲜事．早在很多年前，特级教师张思明老师在他的《用心做教育》一书中就有一个经典的案例，提到课堂上用"无字证明"帮助同学们记忆公式，体会数形结合——代数与几何之间的联系．

　　在禅宗"教外别传，不立文字；直指人心，见性成佛"的所谓十六字心传中，"不立文字"是重要特色．不立文字，就是不凭借语言文字来解释、传授教义．传教的人不立文字，学佛的人不依文字．禅宗认为，语言在传递意义的同时又遮蔽了意义，因此，佛学、佛教最精微、最深刻的义理在佛经的文字以外．我想，对于数学公式、定理的"无字证明"大抵也可以达到数学中的这种境界吧．

——范兴亚

目　录

几何与代数

毕达哥拉斯定理 I

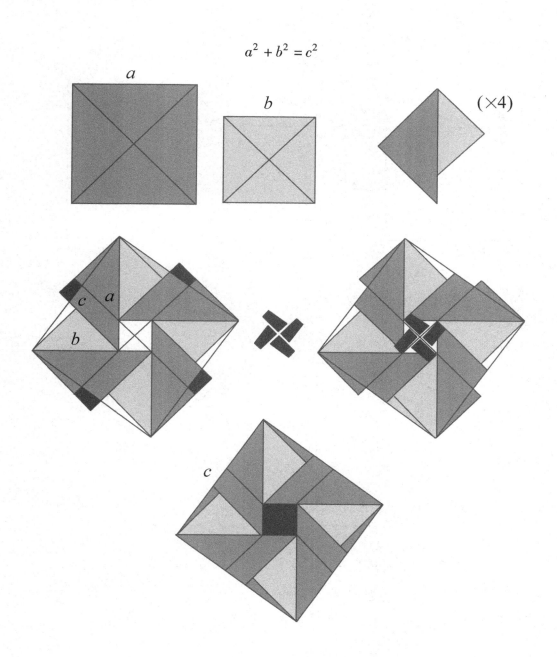

$$a^2 + b^2 = c^2$$

——何塞 A. 戈麦斯（Jose A. Gomez）

毕达哥拉斯定理 **Ⅱ**

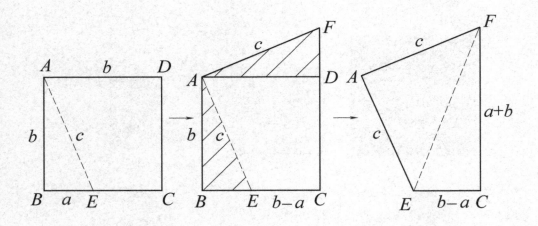

注　因为 $S_{正方形ABCD} = S_{四边形AECF}$

所以 $b^2 = c^2/2 + (b^2 - a^2)/2$，从而有 $a^2 + b^2 = c^2$

另外：

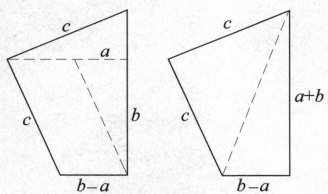

因为 $ab/2 + ab/2 + b(b-a) = c^2/2 + (b-a)(b+a)/2$，

所以 $b^2 = c^2/2 + (b^2 - a^2)/2$，

从而有 $a^2 + b^2 = c^2$

——W. J. 多布斯和 J. E. 艾略特（W. J. Dobbs. and J. Elliott）

毕达哥拉斯定理 Ⅲ

这个毕达哥拉斯定理的证明，是弗兰克·伯克（Frank Burk）证明的变式.

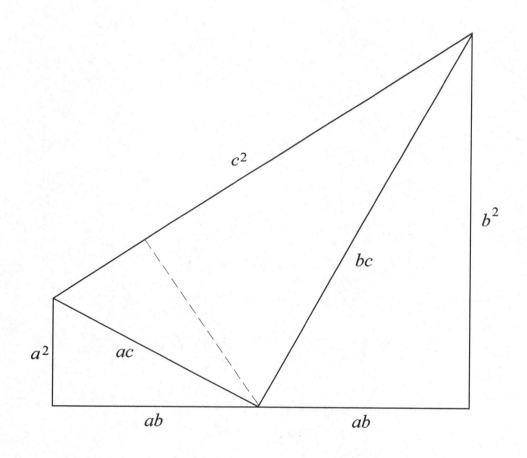

——迈克尔 . D. 赫希霍恩（Michael D. Hirschhorn）

注 弗兰克的证明可以见《数学写真集（第 2 季）》

毕达哥拉斯定理 IV 及推广形式

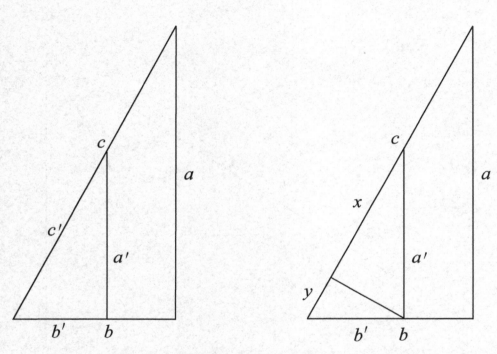

注　注意到这里有许多相似三角形，我们可以得到

$$\frac{y}{b} = \frac{b'}{c}, \quad \frac{x}{a} = \frac{a'}{c},$$

所以 $cy + cx = aa' + bb'$，

故 $cc' = aa' + bb'$.

特别地，当 $c = c'$ 时，$c^2 = a^2 + b^2$.

毕达哥拉斯定理 V

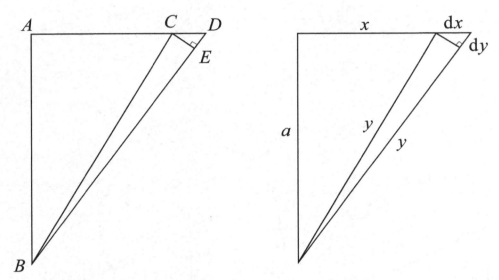

注　如图所示，$\triangle ABC$ 是以 BC 为斜边的直角三角形，x 增加一个无穷小量 $\mathrm{d}x$，y 增加一个无穷小量 $\mathrm{d}y$，$\triangle CDE$ 近似看作是直角三角形，则

$$\frac{x}{y} = \frac{\mathrm{d}y}{\mathrm{d}x}$$

即 $y\mathrm{d}y - x\mathrm{d}x = 0.$
积分后得

$$y^2 - x^2 = 常数,$$

由 $yx = 0$ 时，$y(0) = a$，
可知常数为 a.
则 $y^2 = x^2 \pm a^2$，
即 $y^2 = x^2 + a^2$.

——迈克尔·哈代（Michael Hardy）

毕达哥拉斯定理 Ⅵ

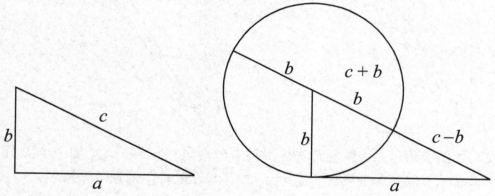

由切割线定理，

$$(c-b)(c+b)=a^2$$

所以 $a^2+b^2=c^2$

——拉里·赫恩（Larry Hoehn）

毕达哥拉斯定理Ⅶ

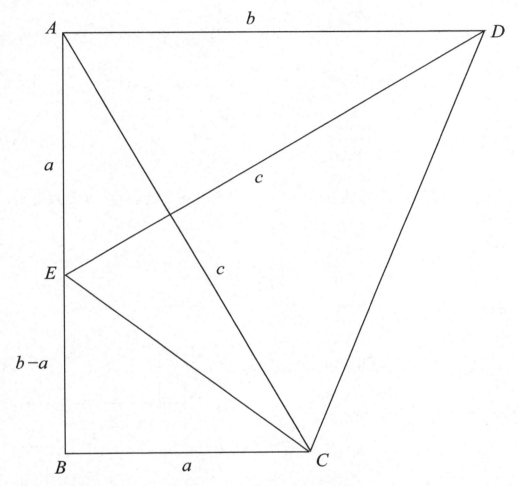

因为 S 梯形 $ABCD = S$ 四边形 $AECD + S\triangle BCE$

$$= c \cdot c/2 + a(b-a)/2,$$

又 S 梯形 $ABCD = AB \cdot (BC + AD)/2$

$$= b(a+b)/2,$$

所以 $c^2/2 = a^2/2 + b^2/2$，即 $c^2 = a^2 + b^2$.

注   总统证法的另一种表达.

——W. J. 多布斯（W. J. Dobbs）

毕达哥拉斯定理的倒数形式 I

若 a、b 是直角三角形的直角边，C 是直角三角形的斜边，h 是斜边上的高，

则

$$\left(\frac{1}{a}\right)^2 + \left(\frac{1}{b}\right)^2 = \left(\frac{1}{h}\right)^2.$$

证明：

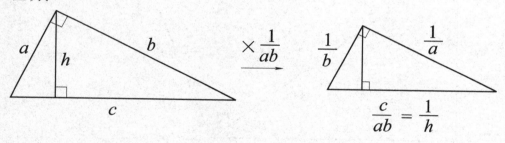

——罗杰 B. 尼尔森（Roger B. Nelsen）

毕达哥拉斯定理的倒数形式 II

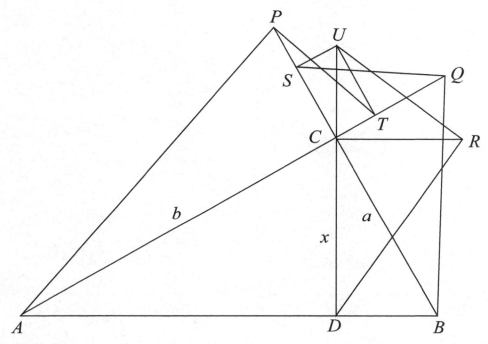

注　文森特·费利尼（Vincent Ferlini）给出了一个我们不太熟悉，但是十分漂亮的结果，他称之为毕达哥拉斯定理的倒数形式.

若 a、b 是直角三角形的两条直角边，x 是斜边上的高，则

$$\left(\frac{1}{a}\right)^2 + \left(\frac{1}{b}\right)^2 = \left(\frac{1}{x}\right)^2$$

直角三角形 $\triangle APT$、直角三角形 $\triangle URD$ 及直角三角形 $\triangle SQB$ 在构造时，满足 CP、CQ、CR 长度均为 1，由射影定理可知，直角三角形斜边上高的平方等于高分斜边两条线段的乘积. 因此，在直角三角形 $\triangle DRU$ 中，

$$UC = \frac{1}{x}.$$

在直角三角形 $\triangle APT$ 中，$CT = \dfrac{1}{b}$，在直角三角形 $\triangle BQS$ 中，$CS = \dfrac{1}{a}$.

在矩形 $CTUS$ 中

易知
$$\left(\frac{1}{a}\right)^2 + \left(\frac{1}{b}\right)^2 = \left(\frac{1}{x}\right)^2.$$

——文森特·费利尼（Vincent Ferlini）

通过平行四边形法则推导中线长公式

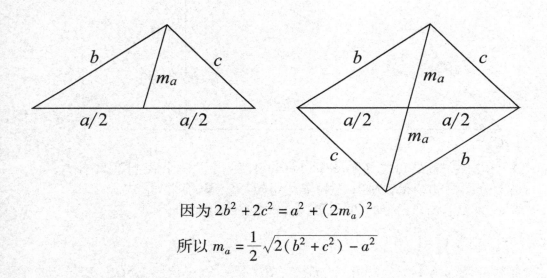

因为 $2b^2 + 2c^2 = a^2 + (2m_a)^2$

所以 $m_a = \dfrac{1}{2}\sqrt{2(b^2 + c^2) - a^2}$

——C·皮特·罗丝（C·Peter Lawes）

毕达哥拉斯定理的帕普斯推广形式

定理：若△ABC 为任意三角形，以 AB、AC、BC 为边在△ABC 外侧作□ABFH、□ACLJ、□BCDE，I 是 FH 和 LJ 的交点，满足 BE//IA. 则：

$$S_{\square BCDE} = A_{\square ABFH} + S_{\square ACLJ}$$

（亚历山大的帕普斯，公元 320 年）

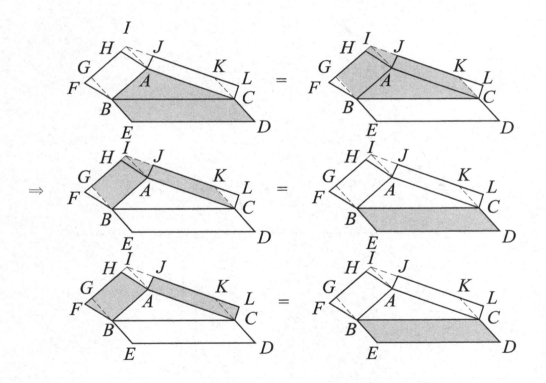

——约翰 H. 伽罗马（John H. Jaroma）

维维亚尼定理 I

定理：等边三角形内的一点到三边的距离之和，等于三角形的高.

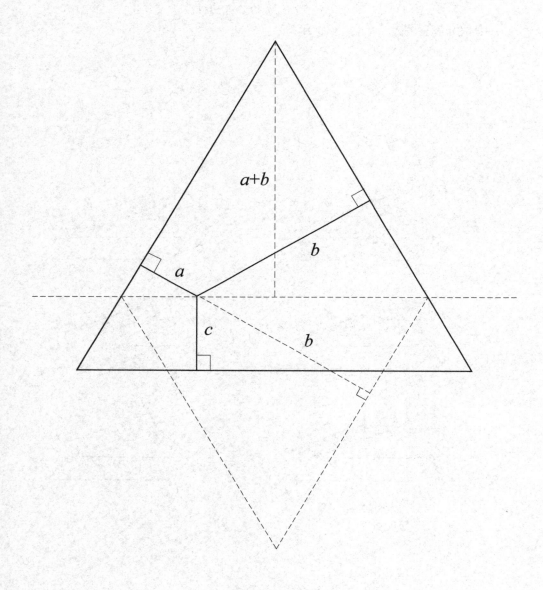

——詹姆斯·坦顿（James Tanton）

维维亚尼定理 Ⅱ

定理：等边三角形内一点到三边的距离之和，等于三角形的高.

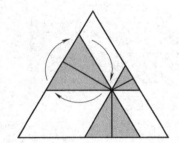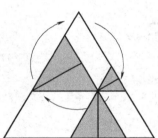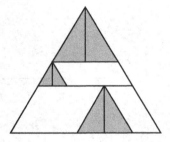

——川崎 肯一郎（KEN-ICHIROH KAWASAKI）

与等边三角形相关的毕达哥拉斯定理

通常以直角三角形的三边向外作正方形的图示来阐述毕达哥拉斯定理.（如欧几里得《几何原本》中命题Ⅰ.47）

然而《几何原本》中命题Ⅵ.31 的推论，以直角三角形的三边作任何相似图形均可以阐明毕达哥拉斯定理.

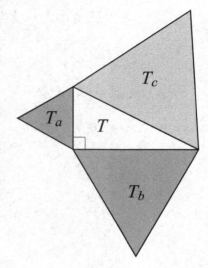

T 表示直角边长分别为 a 和 b，斜边长为 c 的直角三角形的面积．T_a、T_b、T_c 分别表示以 a、b、c 为边长的等边三角形的面积，P 表示边长为 a、b 两个内角分别为 30°和150°的平行四边形的面积.

引理　$T = P$.

证明：

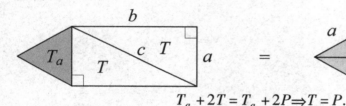

$$T_a + 2T = T_a + 2P \Rightarrow T = P.$$

定理：$T_c = T_a + T_b$.

证明：

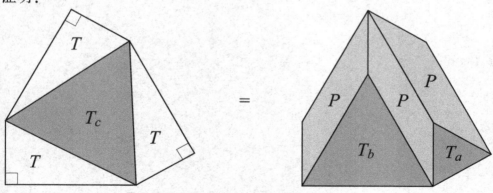

$$T_c + 3T = T_a + T_b + 3P \Rightarrow T_c = T_a + T_b.$$

注　一个略有调整的勾股定理的证明，阐示了以直角边为边构造的等边三角形的面积和等于以斜边为边构造的等边三角形的面积.

——克罗迪·阿尔西纳和罗杰 B. 尼尔森（Claudi Alsina and Roger B. Nelsen）

和毕达哥拉斯定理类似的定理 I

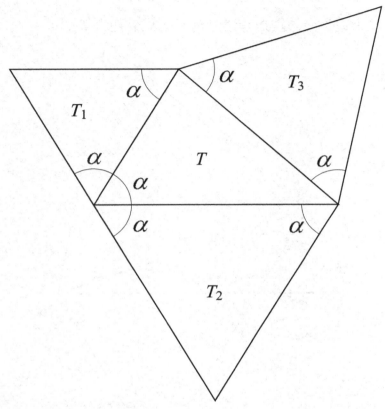

若 $\alpha = \pi/3$，则 $T + T_3 = T_1 + T_2$：

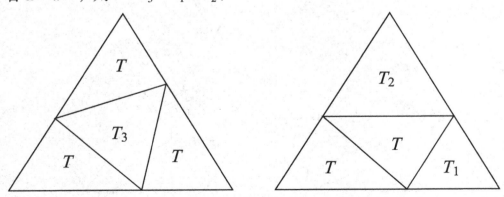

——马分·莫兰·卡佰（Manual Moran Cabre.）

和毕达哥拉斯定理类似的定理 Ⅱ

设 T 为三个角分别为 α、β、γ 的三角形的面积. 其中 $\alpha = \dfrac{2\pi}{3}$，以 α、β、γ 的对边长为边长向外构造等边三角形面积分别为 T_α、T_β、T_γ.

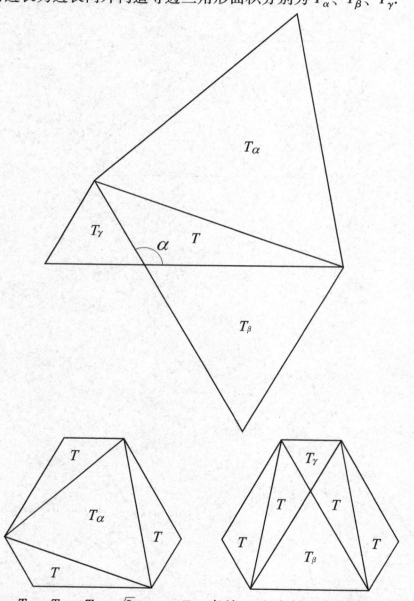

一般地，$T_\alpha = T_\beta + T_\gamma - \sqrt{3}\cot\alpha \cdot T$。当然，这个结论可以从正弦定理，余弦定理立即得到.

——罗杰 B. 尼尔森（Roger B. Nelsen）

和毕达哥拉斯定理类似的定理Ⅲ

令 T 为三个角分别为 α、β、γ 的三角形的面积，以 α、β、γ 的对边长为边长向外构造等边三角形的面积分别为 T_α、T_β、T_γ. 这里我们给出两个与毕达哥拉斯定理类似的定理.

（a）若 $\alpha = \pi/6$，则 $T_\alpha + 3T = T_\beta + T_\gamma$；

（b）若 $\alpha = 5\pi/6$，则 $T_\alpha = T_\beta + T_\gamma + 3T$.

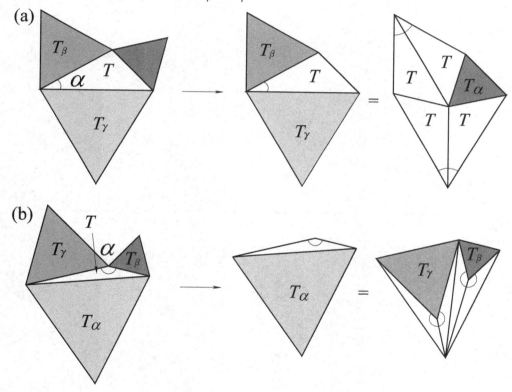

——克罗迪·阿尔西纳和罗杰·B. 尼尔森

（Claudi Alsina and Roger B. Nelsen）

每个三角形均有无穷多个内接等边三角形

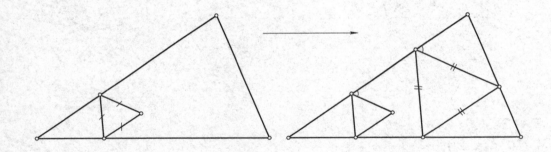

——西德尼 H. 昆（Sidney H. Kung）

通过三角形内心的直线的一个性质

一条通过三角形内心的直线平分三角形周长当且仅当它平分三角形的面积.

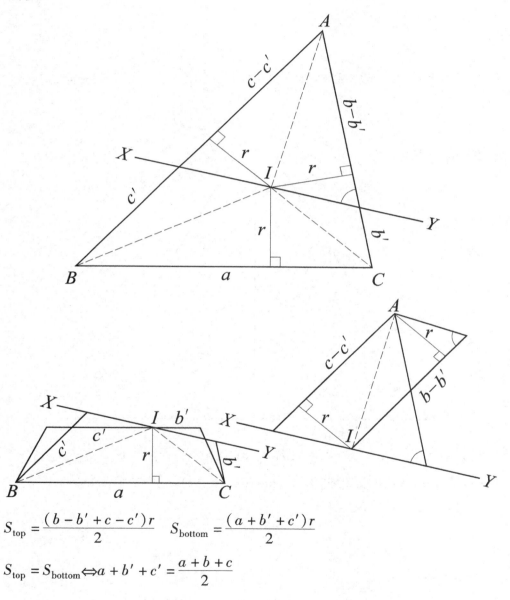

$$S_{\text{top}} = \frac{(b - b' + c - c')r}{2} \quad S_{\text{bottom}} = \frac{(a + b' + c')r}{2}$$

$$S_{\text{top}} = S_{\text{bottom}} \Leftrightarrow a + b' + c' = \frac{a + b + c}{2}$$

——西德尼 H. 昆（Sidney H. Kung）

等边三角形内切圆的半径

等边三角形内切圆的半径等于三角形的高的 $\dfrac{1}{3}$

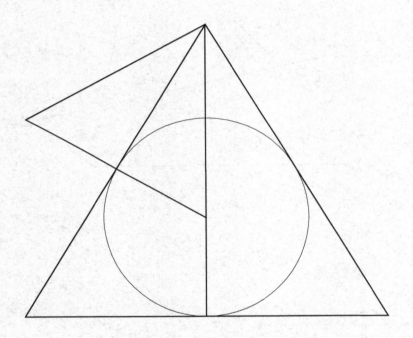

——东北大学 2004 年夏季几何系列课程报告人（Participants of the Summer Institute Series. 2004 Geometry Course）.

直角三角形的面积公式

定理：直角三角形面积等于内切圆的切点分斜边所得两线段的乘积.

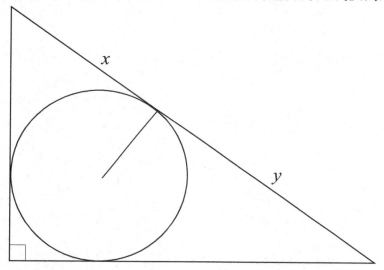

证明：

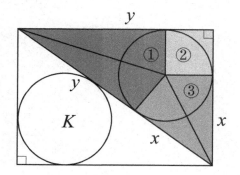

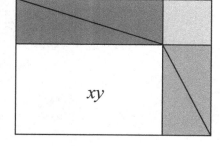

$$K = xy$$

——罗杰 B. 尼尔森（Roger B. Nelsen）

每个三角形均可以分割为 6 个等腰三角形

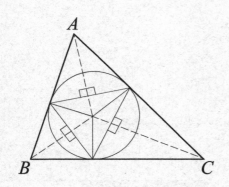
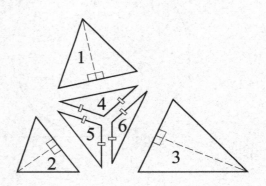

——安赫尔·普拉萨（Angel Plaza）

等腰三角形的分割

每个三角形可以分割为 4 个等腰三角形

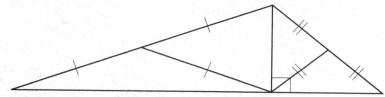

每个锐角三角形均可以分割为 3 个等腰三角形

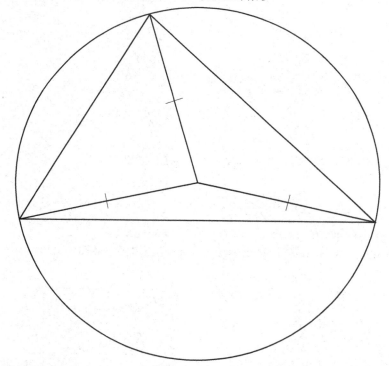

一个三角形可以分割为 2 个等腰三角形当且仅当这个三角形有一个角是另一个角的 3 倍或者这个三角形是直角三角形.

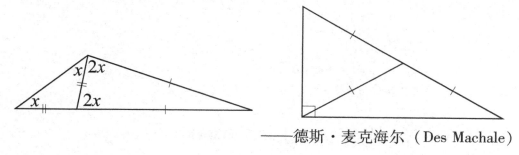

——德斯·麦克海尔（Des Machale）

锐角三角形的卡诺定理

定理：对于锐角三角形 ABC 设外心到三边距离和等于内接圆半径 r 与外接圆半径 R 的和，即：

$$x + y + z = R + V.$$

引理 1　　$ax + by + cz = r(a + b + c).$

证明

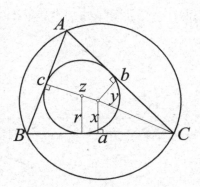

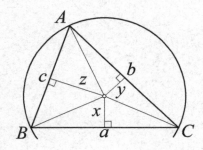

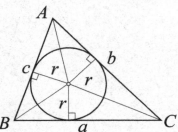

由于 $\dfrac{1}{2}ax + \dfrac{1}{2}by + \dfrac{1}{2}cz = \dfrac{1}{2}r(a + b + c)$　　故 $ax + by + cz = r(a + b + c).$

引理 2　　$cy + bz = aR, \quad az + cx = bR; \quad bx + ay = cR.$

证明　　仅证 $cy + bz = aR$，其余两个关系可以类似得到

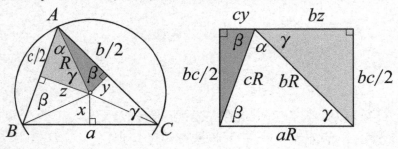

卡诺定理

$$(a + b + c)(x + y + z)$$
$$= (ax + by + cz) + (cy + bz) + (az + cx) + (bx + ay)$$
$$= r(a + b + c) + (a + b + c)R$$
$$= (a + b + c)(R + r),$$
$$x + y + z = R + r.$$

——克罗迪·阿尔西纳和罗杰 B. 尼尔森（Claudi Alsina and Roger B. Nelsen）

托勒密定理

圆内接四边形的对角线乘积等于对边乘积的和.

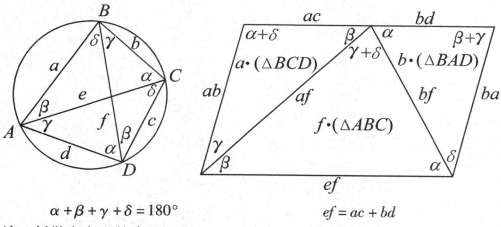

$$\alpha + \beta + \gamma + \delta = 180°$$

$$ef = ac + bd$$

注　托勒密定理的直观证明

——威廉·德瑞克和詹姆斯·赫斯坦（William Derrick and James Hirstein）

托勒密不等式

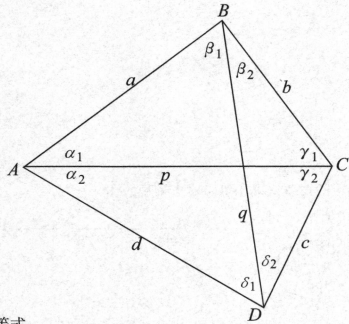

托勒密不等式：

若凸四边形边长顺次分别为 a、b、c、d，对角线长为 p、q，则
$pq \leqslant ac + bd$.

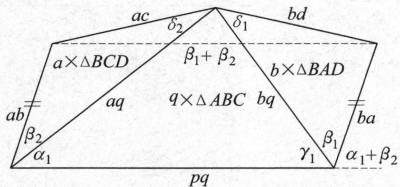

注　上图的 $\delta_2 + \beta_1 + \beta_2 + \delta_1$ 小于 π，而折线段 $ac + bd$ 至少与平行四边形边长 pq 相等，对于圆内接四边形即 $\delta_2 + \beta_1 + \beta_2 + \delta_1 = \pi$ 时等号成立. 可以得到托勒密定理. 若圆内接凸四边形四条边长顺次为 a、b、c、d 对角线长为 p、q，则 $pq = ac + bd$.

——克罗迪·阿尔西纳和罗杰 B. 尼尔森（Clandi Alsina and Rogor B. Nelsen）

代数恒等式

$$ax - by = \frac{1}{2}(a+b)(x-y) + \frac{1}{2}(x+y)(a-b).$$

——小林由纪夫（Yukio Kobayashi）

坎迪多恒等式

$$\left[x^2 + y^2 + (x+y)^2 \right]^2 = 2 \left[x^4 + y^4 + (x+y)^4 \right]$$

1.

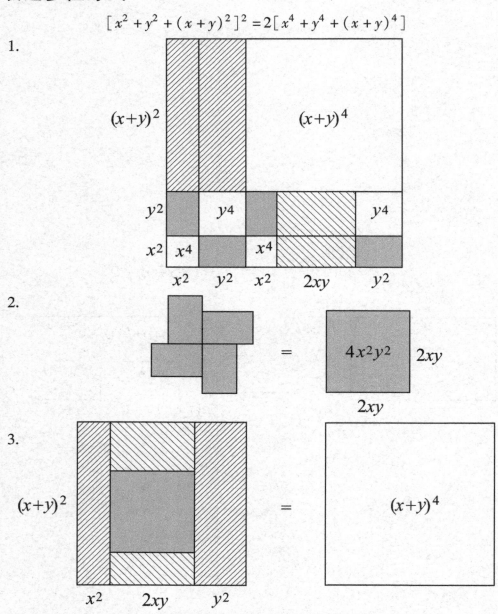

注　坎迪多由这个恒等式得到如下与斐波那契数列相关的等式.

$$\left[F_n^2 + F_{n+1}^2 + F_{n+2}^2 \right]^2 = 2 \left[F_n^4 + F_{n+1}^4 + F_{n+2}^4 \right],$$

F_n 代表第 n 个斐波那契数.

——罗杰 B. 尼尔森（Roger B. Nelsen）

三角、微积分与解析几何

两角差的余弦公式 I

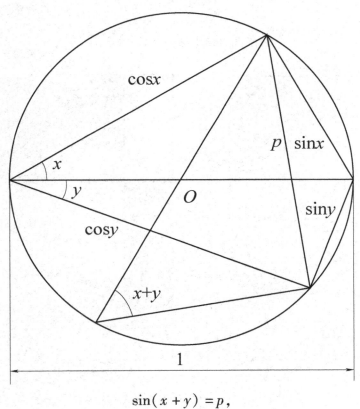

$$\sin(x + y) = p,$$

$$p = \sin x \cos y + \cos x \sin y.$$

注 图示体现了在一条对角线为直径的圆内接四边形中的托勒密定理的应用.

——金国林（Guolin Jin）

两角差的余弦公式 Ⅱ

菱形面积为 $\cos(x - \beta)$

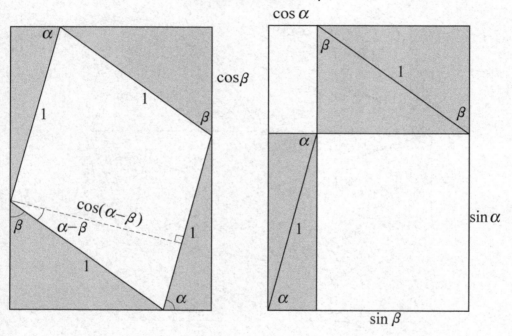

$$\cos(\alpha - \beta) = \cos\alpha\cos\beta + \sin\alpha\sin\beta$$

——威廉 T. 韦伯和马修·伯德

(Willam T. Webber and Matthew Bode)

维尔斯特拉斯代换（万能公式）

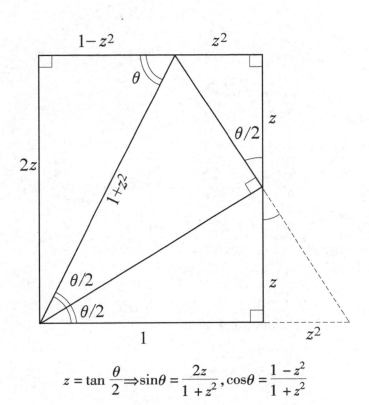

$$z = \tan\frac{\theta}{2} \Rightarrow \sin\theta = \frac{2z}{1+z^2}, \cos\theta = \frac{1-z^2}{1+z^2}$$

——西德尼 H. 昆 （Sidney H. Kung）

两角和的正切公式

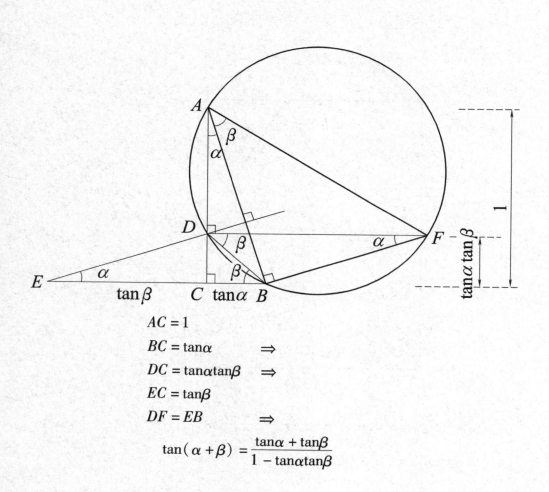

$$AC = 1$$
$$BC = \tan\alpha \qquad \Rightarrow$$
$$DC = \tan\alpha\tan\beta \qquad \Rightarrow$$
$$EC = \tan\beta$$
$$DF = EB \qquad \Rightarrow$$

$$\tan(\alpha + \beta) = \frac{\tan\alpha + \tan\beta}{1 - \tan\alpha\tan\beta}$$

——西德尼 H. 昆（Sidney H. Kung）

二倍角的正弦、余弦公式

$$\cos 2\theta = 1 - 2\sin^2\theta$$
$$\sin 2\theta = 2\sin\theta\cos\theta$$

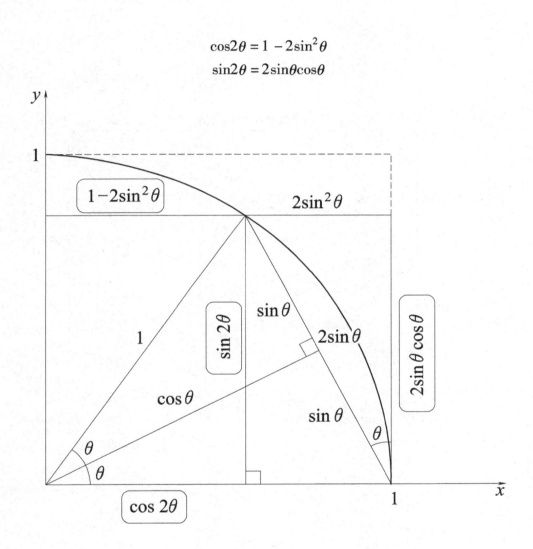

——哈桑·于纳尔（Hasan Unal）

三倍角的正弦、余弦公式

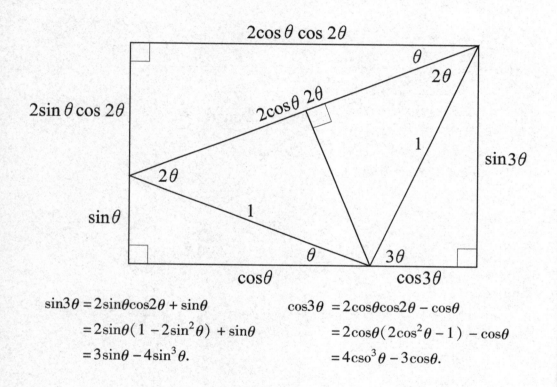

$$\sin 3\theta = 2\sin\theta\cos 2\theta + \sin\theta$$
$$= 2\sin\theta(1 - 2\sin^2\theta) + \sin\theta$$
$$= 3\sin\theta - 4\sin^3\theta.$$

$$\cos 3\theta = 2\cos\theta\cos 2\theta - \cos\theta$$
$$= 2\cos\theta(2\cos^2\theta - 1) - \cos\theta$$
$$= 4\text{cso}^3\theta - 3\cos\theta.$$

——克罗迪·阿尔西纳和罗杰 B. 尼尔森（Claudi Alsina and Roger B. Nelsen）

余弦定理 I

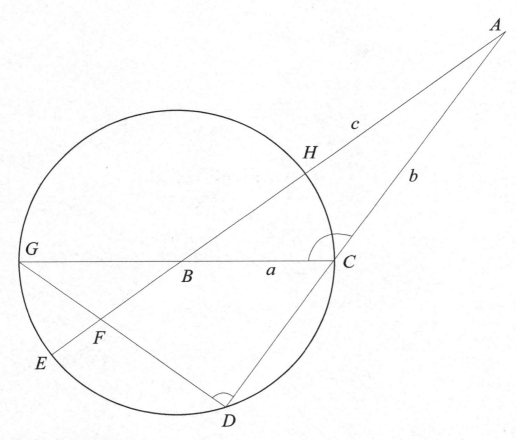

利用割线定理证明

若∠C 为钝角，则采用如下的证明方式

$$AH \times AE = AC \times AD \Rightarrow (c-a)(c+a) = b(b-2a\cos C) \Rightarrow c^2 = a^2 + b^2 - 2ab\cos C$$

——刘超（Chao Liu）

余弦定理 Ⅱ

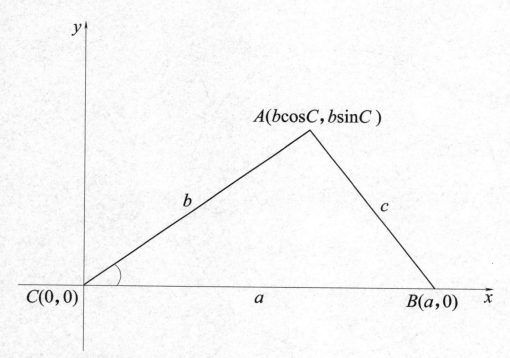

利用两点间距离公式证明

$$c^2 = AB^2 = (b\cos C - a)^2 + (b\sin C - 0)^2 = a^2 + b^2 - 2ab\cos C$$

——刘超（Chao Liu）

余弦定理Ⅲ

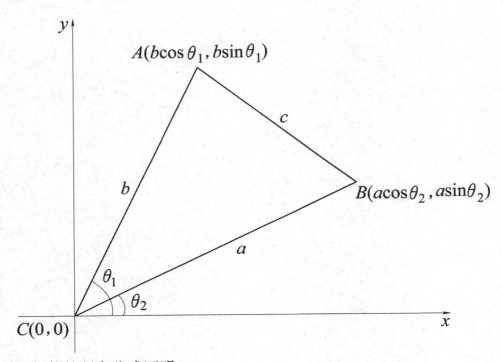

利用复数的距离公式证明

$$c^2 = AB^2 = |z_1 - z_2|^2 = (z_1 - z_2) \cdot (z_1 - z_2)$$

$$= (b\cos\theta_1 - a\cos\theta_2)^2 + (b\sin\theta_1 - a\sin\theta_2)^2$$

$$= a^2 + b^2 - 2ab(\cos\theta_1\cos\theta_2 - \sin\theta_1\sin\theta_2)$$

$$= a^2 + b^2 - 2ab\cos(\theta_1 - \theta_2)$$

$$= a^2 + b^2 - 2ab\cos C$$

——刘超（Chao Liu）

正弦不等式

若 $\alpha_k \geqslant 0, k = 1, \cdots, n$ 且 $\displaystyle\sum_{k=1}^{n} \alpha_k < \pi/2$，则 $\sin\left(\displaystyle\sum_{k=1}^{n} \alpha_k\right) \leqslant \displaystyle\sum_{k=1}^{n} \sin\alpha_k.$

——范兴亚（Xingya Fan）

正切不等式

若 $\alpha_k \geqslant 0$ 对于 $k = 1, \cdots, n$ 有 $\sum\limits_{k=1}^{n} \alpha_k < \pi/2$，则 $\tan\left(\sum\limits_{k=1}^{n} \alpha_k\right) \geqslant \sum\limits_{k=1}^{n} \tan\alpha_k.$

$\geqslant \tan\alpha_n$

$\vdots$

$\tan\left(\sum\limits_{k=1}^{n} \alpha_k\right)$

$\geqslant 1$

α_n

$\geqslant \tan\alpha_k$

α_k

$\geqslant 1$

$\vdots$

α_1

$\tan\alpha_1$

1

——罗伯·普拉特（Rob Pratt）

正弦函数的子可加性

如果三个正角 α、β、γ 之和为 $90°$，必有 $\sin\alpha + \sin\beta + \sin\gamma > 1$

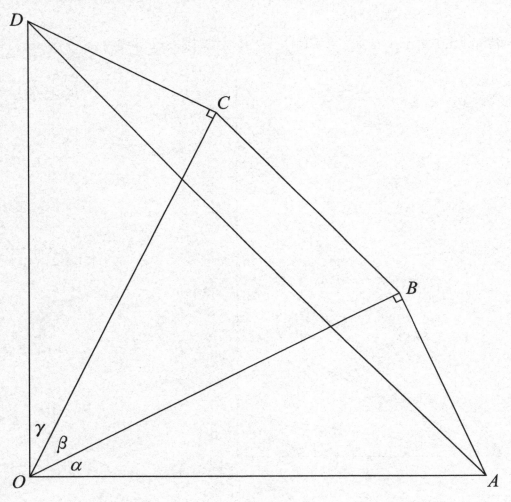

——张景中（Jingzhong Zhang）

在 **[0，π]** 上正弦函数的子可加性

若 $\alpha_k \geqslant 0$ 对于 $k = 1,2,\cdots,n$ 和 $\sum\limits_{k=1}^{n} \alpha_k \leqslant \pi$ 则 $\sin\left(\sum\limits_{k=1}^{n} \alpha_k\right) \leqslant \sum\limits_{k=1}^{n} \sin\alpha_k$.

$$\frac{1}{2} \cdot 1 \cdot 1\sin\left(\sum_{k=1}^{n} \alpha_k\right) \qquad \leqslant \qquad \sum_{k=1}^{n} \frac{1}{2} \cdot 1 \cdot 1 \cdot \sin\alpha_k$$

注   在 [0，π] 上正弦函数的子可加性证明.

——范兴亚和朱一心（Xingya Fan &Yixin Zhu）

看啊！无可替代！

$$\int_a^1 \sqrt{1-x^2}\,\mathrm{d}x = \frac{\cos^{-1}a}{2} - \frac{a\sqrt{1-a^2}}{2}, a \in [-1,1].$$

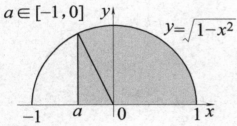

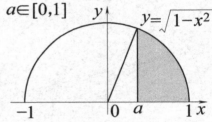

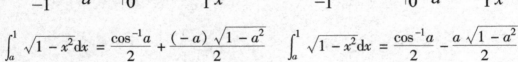

——马克·钱伯兰（Marc Chamberland）

摆线长公式

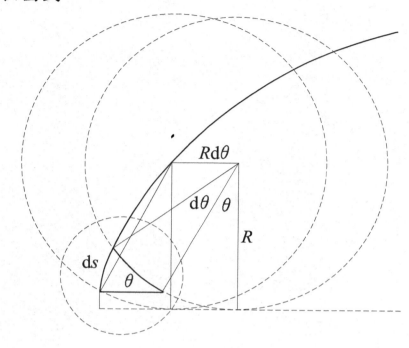

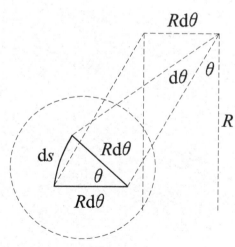

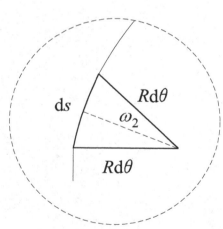

$$\mathrm{d}s = 2R\sin\frac{\theta}{2}\mathrm{d}\theta$$

$$s = 2R\int_0^{2\pi}\sin\frac{\theta}{2}\mathrm{d}\theta = 4R\left[-\cos\frac{\theta}{2}\right]_0^{2\pi} = 4R\left[1-(-1)\right] = 8R.$$

——托马斯 J. 奥斯勒（Thomas J. Osler）

不 等 式

调和平均数-几何平均数-算术平均数之间的不等式

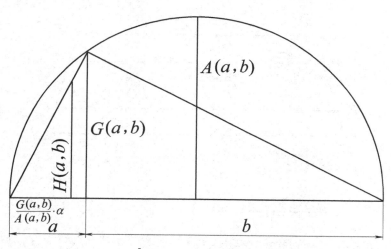

算术平均数 $A(a,b) = \dfrac{a+b}{2}$,

几何平均数 $G(a,b) = \sqrt{ab}$,

调和平均数 $H(a,b) = \dfrac{2ab}{a+b}$,

从图示可以看出 $H(a,b) \leqslant G(a,b) \leqslant A(a,b)$,当且仅当 $a=b$ 时,等式成立.

平方平均数-算术平均数-几何平均数-调和平均数之间的不等式

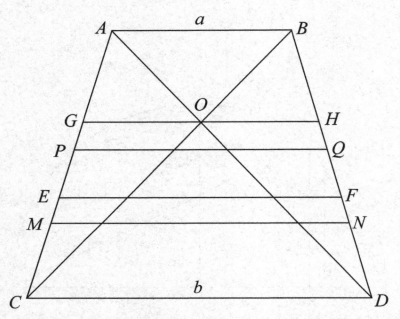

注 设 $0 < a < b$，构造梯形（如图所示）. $AB /\!/ GH /\!/ PQ /\!/ EF /\!/ MN /\!/ CD$，

且 GH 的中点是梯形对角线的交点，令 $AB = a$，$CD = b$，则 $\dfrac{\frac{1}{2}GH}{a} + \dfrac{\frac{1}{2}GH}{b} =$

$1 \Rightarrow GH = \dfrac{2ab}{a+b}$；梯形 $ABQP \sim$ 梯形 $PQDC \Rightarrow \dfrac{a}{PQ} = \dfrac{PQ}{b} \Rightarrow PQ = \sqrt{ab}$；$EF =$

$\dfrac{a+b}{2}$；$S_{梯形ABNM} = S_{梯形MNDC} \Rightarrow (a + MN) \times (MN - a) = (b + MN) \times (b - MN)$

$\Rightarrow MN = \sqrt{\dfrac{a^2 + b^2}{2}}$.

$MN \geqslant EF \geqslant PQ \geqslant GH$，即 $\sqrt{\dfrac{a^2 + b^2}{2}} \geqslant \dfrac{a+b}{2} \geqslant \sqrt{ab} \geqslant \dfrac{2ab}{a+b}$.

——仓万林（Wanlin Cang）

一组基本不等式的证明

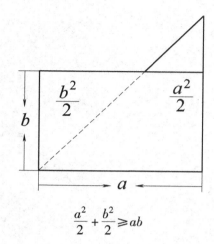

$$\frac{a^2}{2}+\frac{b^2}{2}\geqslant ab$$

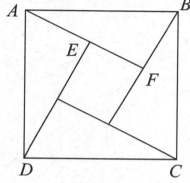

$$AF=a,AE=b,S_{ABCD}\geqslant 4S_{AFB},a^2+b^2\geqslant 2ab.$$

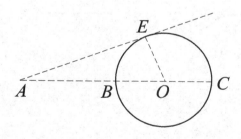

$$AB=a,AC=b,AE=\sqrt{ab},$$

$$AO=\frac{a+b}{2},由\ AE\leqslant AO\ 得到\ \sqrt{ab}\leqslant\frac{a+b}{2}.$$

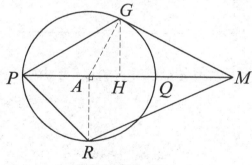

$$PM=a,QM=b,a>b>0,$$

$$RM>AM>GM>HM,$$

$$\sqrt{\frac{a^2+b^2}{2}}\geqslant\frac{a+b}{2}\geqslant\sqrt{ab}\geqslant\frac{2}{a^{-1}+b^{-1}}.$$

——张思明（Siming Zhang）

柯西-施瓦茨不等式 I

$$(an + bm)^2 \leqslant (a^2 + b^2) \cdot (m^2 + n^2)$$

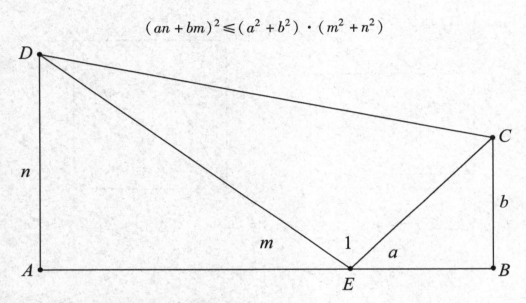

注　梯形 $ABCD$ 是直角梯形，$BC /\!/ AD$，

$$S_{梯形ABCD} = \frac{(b + n)(a + m)}{2} = \frac{ab + mn + an + bm}{2}$$

$$= S_{\triangle AED} + S_{\triangle BEC} + S_{\triangle CDE} = \frac{ab + mn}{2} + S_{\triangle CDE}$$

因此，$\dfrac{an + bm}{2} = S_{\triangle CDE} = \dfrac{1}{2}\sqrt{a^2 + b^2} \cdot \sqrt{m^2 + n^2} \cdot \sin\angle DEC$

所以，$(an + bm)^2 = (\sqrt{a^2 + b^2} \cdot \sqrt{m^2 + n^2} \cdot \sin\angle DEC)^2$

$\leqslant (a^2 + b^2) \cdot (m^2 + n^2)$

——张思明（Siming Zhang）

柯西-施瓦茨不等式 II

$$|x_1y_1 + x_2y_2| \leqslant |x_1| \cdot |y_1| + |x_2| \cdot |y_2| \leqslant \sqrt{x_1^2 + x_2^2} \cdot \sqrt{y_1^2 + y_2^2}$$

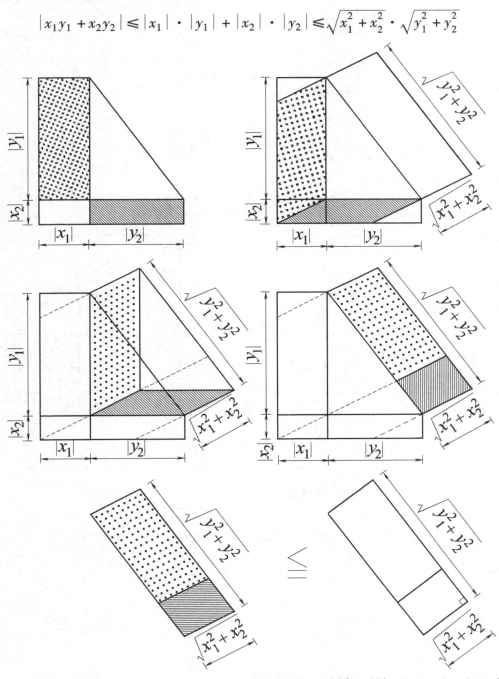

——克罗迪·阿尔西纳（Claudi Alsina）

与和为 **1** 的两数相关的不等式

$$p,\ q>0,\ p+q=1\Rightarrow\frac{1}{p}+\frac{1}{q}\geq4\ \text{且}\left(p+\frac{1}{p}\right)^{2}+\left(q+\frac{1}{q}\right)^{2}\geq\frac{25}{2}$$

证明：

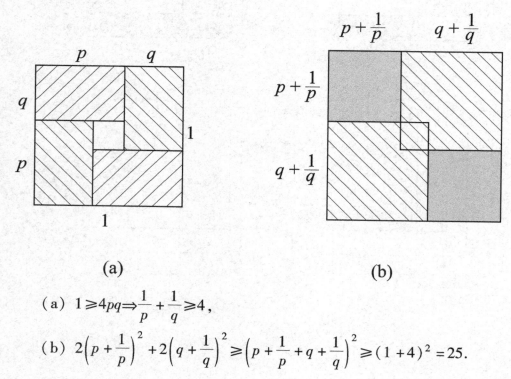

（a）   （b）

（a）$1\geq4pq\Rightarrow\dfrac{1}{p}+\dfrac{1}{q}\geq4$,

（b）$2\left(p+\dfrac{1}{p}\right)^{2}+2\left(q+\dfrac{1}{q}\right)^{2}\geq\left(p+\dfrac{1}{p}+q+\dfrac{1}{q}\right)^{2}\geq(1+4)^{2}=25$.

——克罗迪．阿尔西纳和罗杰B．尼尔森．（Claudi Alsina and Roger B. Nelsen）

与和为定值的两数相关的不等式

已知 a、b、c、x、y、z 均为正数，且 $a+x=b+y=c+z=m$，求证：$cz+ay+bz<m^2$.

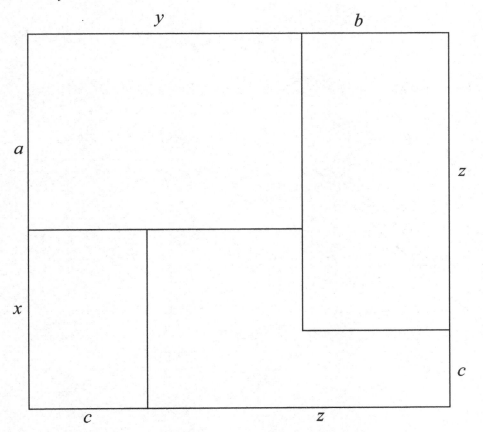

注 如图所示，作边长为 m 的正方形，不等式显然成立.

——殷长征（Changzheng Yin）

无理不等式

$$\sqrt{a^2+b^2}+\sqrt{a^2+c^2}+\sqrt{b^2+c^2}\geqslant\sqrt{2}\ (a+b+c)\ （其中\ a、b、c\ 均为正数）.$$

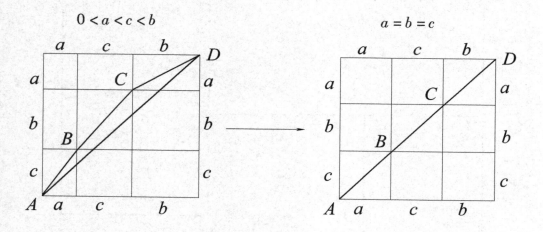

——朱育光（Yuguang Zhu）

两类无理不等式

两类无理不等式的统一形式

若 $a_i > 0$（$i = 1, 2, \cdots, n, n \in \mathbf{N}, n \geqslant 2$），则

(1) $\displaystyle\sum_{i=1}^{n} \sqrt{a_i^2 + a_{i+1}^2 - 2a_i a_{i+1}\cos\theta} \geqslant \sqrt{2(1-\cos\theta)}\left(\sum_{i=1}^{n} a_n\right), \theta \in (0, \pi), a_{n+1} = a_1$；

(2) $\displaystyle\sum_{i=1}^{n} \sqrt{a_i^2 + a_{i+1}^2 - 2a_i a_{i+1}\cos\theta} \geqslant \sqrt{a_1^2 + a_n^2 - 2a_1 a_n \cos(n-1)\theta}, \theta \in \left(0, \dfrac{\pi}{n-1}\right)$.

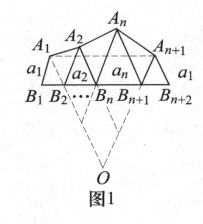

图1

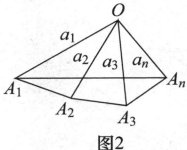

图2

在（2）中令 $n = 2$，$\theta = \dfrac{\pi}{3}$ 时，有 $\sqrt{a_1^2 + a_2^2 - a_1 a_2} + \sqrt{a_2^2 + a_3^3 - a_2 a_3} \geqslant$ $\sqrt{a_1^2 + a_3^2 + a_1 a_3}$，这实际上就是 2000 年波罗的海数学奥林匹克竞赛试题.

——邹生书（Shengshu Zou）

指数不等式

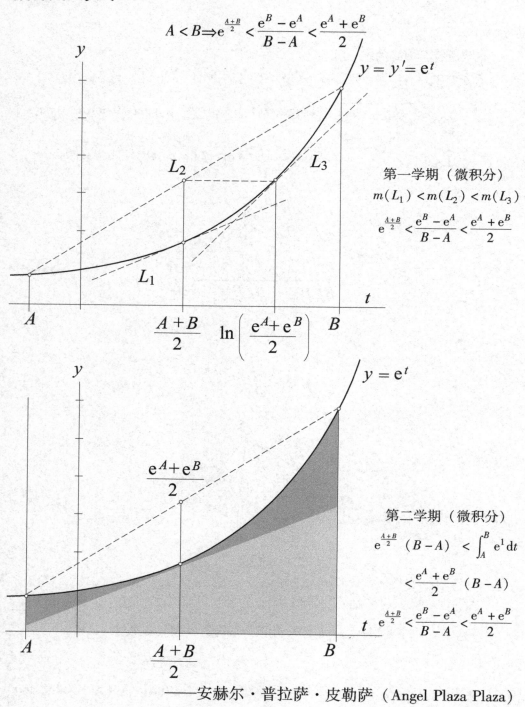

$$A < B \Rightarrow e^{\frac{A+B}{2}} < \frac{e^B - e^A}{B - A} < \frac{e^A + e^B}{2}$$

$$y = y' = e^t$$

L_2

L_3

第一学期（微积分）

$$m(L_1) < m(L_2) < m(L_3)$$

$$e^{\frac{A+B}{2}} < \frac{e^B - e^A}{B - A} < \frac{e^A + e^B}{2}$$

L_1

t

A $\dfrac{A+B}{2}$ $\ln\left(\dfrac{e^A + e^B}{2}\right)$ B

$y = e^t$

$$\frac{e^A + e^B}{2}$$

第二学期（微积分）

$$e^{\frac{A+B}{2}}(B - A) < \int_A^B e^1 \, dt$$

$$< \frac{e^A + e^B}{2}(B - A)$$

t $e^{\frac{A+B}{2}} < \dfrac{e^B - e^A}{B - A} < \dfrac{e^A + e^B}{2}$

A $\dfrac{A+B}{2}$ B

——安赫尔·普拉萨·皮勒萨（Angel Plaza Plaza）

伯努利不等式

若 $a > 0$, $a \neq 1$, 且 $x > 1$, 则 $a^x - 1 > x\,(a-1)$.

$a > 1$ $0 < a < 1$

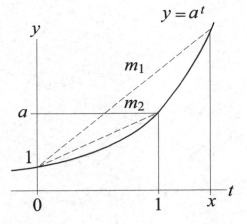 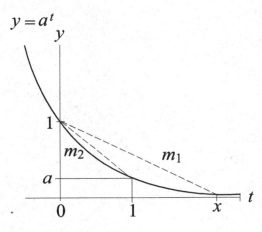

$$m_1 > m_2 \Rightarrow \frac{a^x - 1}{x} > a - 1.$$

——安赫尔·普拉萨（Angel Plaza）

关于自然对数 e 的斯坦纳问题

哪个正数 x 的 x 次方根的值最大？

$$x > 0 \Rightarrow \sqrt[x]{x} \leqslant \sqrt[e]{e}$$

解：

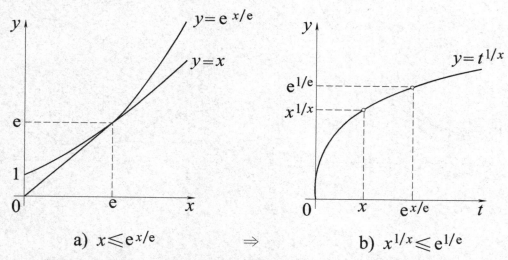

a) $x \leqslant e^{x/e}$ $\Rightarrow$ b) $x^{1/x} \leqslant e^{1/e}$

右图中是 $x > 1$ 的情形，其他情形只是在使用函数的凸凹性上略有不同.

——罗杰 B. 尼尔森（Roger B. Nelsen）

整 数 求 和

等差数列的部分和

设 a_1，a_2，a_3，…是等差数列，则

$$a_1 + a_2 + \cdots + a_n = \frac{n(a_1 + a_n)}{2}$$

证明：

注 这是等差数列的部分和等于首项末项平均数乘以项数的一个直观证明．

——安东尼 J. 克拉芝尔拉（Anthony J. Crachiola）

三角形数的一个恒等式

$$\sum_{r=1}^{n} r^2 = \Delta_{n-1} + \Delta_n$$

其中 Δ_n 是第 n 个三角形数. 例如, $n=5$ 的情形.

```
X   X O   X O O   X O O O   X O O O O
X X   X X O   X X O O   X X O O O
X X X   X X X O   X X X O O
X X X X   X X X X O
X X X X X
```

——陶沪平（Hung Ping Tsao）

立方和公式 I

我们都熟知前 n 个自然数的立方和公式

$$\sum_{r=1}^{n} r^3 = \frac{n^2(n+1)^2}{4} = \left[\frac{n(n+1)}{2}\right]^2$$

$$= \left(\sum_{r=1}^{n} r\right)^2.$$

或许可以用几何办法加以阐释.

下面图示是基于把立方体重新排列而得到的

1. $\displaystyle\sum_{1}^{n} r + \sum_{1}^{n} r = n(n+1)$.

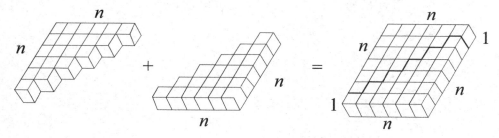

2. $\displaystyle\sum_{1}^{n} r + \sum_{1}^{n} r = n^2$.

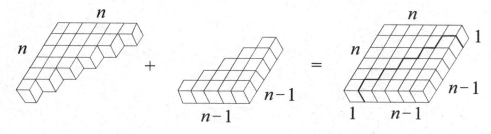

3. $\left(\sum\limits_1^n r\right)^2 = \left(\sum\limits_1^n r\right) \times \left(\sum\limits_1^n r\right) = n \times \sum\limits_1^n r + \left(\sum\limits_1^{n-1} r\right) \times \left(\sum\limits_1^n r\right)$

$= n \times \sum\limits_1^n r + n \times \sum\limits_1^{n-1} r + \left(\sum\limits_1^{n-1} r\right) \times \left(\sum\limits_1^{n-1} r\right)$

$= n^3 + \left(\sum\limits_1^{n-1} r\right)^2.$

$= n^3 + \left(\sum\limits_1^{n-1} r\right)^2.$

$\left(\sum\limits_1^{n-1} r\right)^2 = (n-1)^3 + \left(\sum\limits_1^{n-2} r\right)$ 等．类似地，我们得到

$\left(\sum\limits_1^n r\right)^2 = n^3 + (n-1)^3 + \cdots + 2^3 + 1^3 = \sum\limits_1^n r^3.$

——彼得·福尔摩斯（Peter Holmes）

立方和公式 II

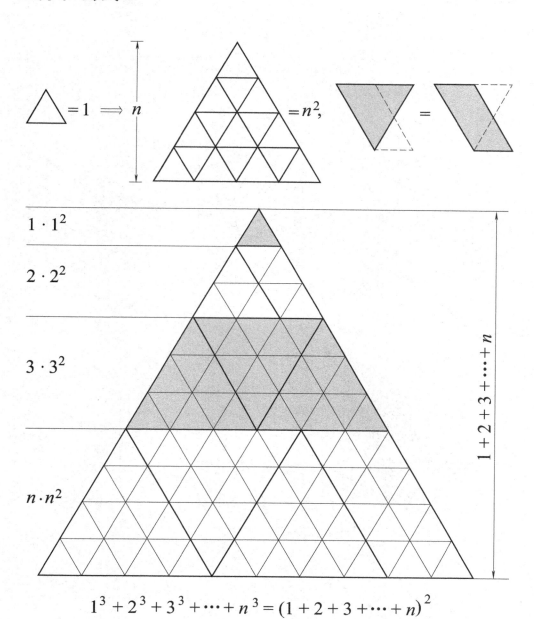

$$1^3 + 2^3 + 3^3 + \cdots + n^3 = (1 + 2 + 3 + \cdots + n)^2$$

——帕拉梅斯 · 劳森彻（Parames Laosinchai）

三角形数的和 I

$$t_n = 1 + 2 + \cdots + n \Rightarrow t_1 + t_2 + \cdots + t_n = \frac{n(n+1)(n+2)}{6}$$

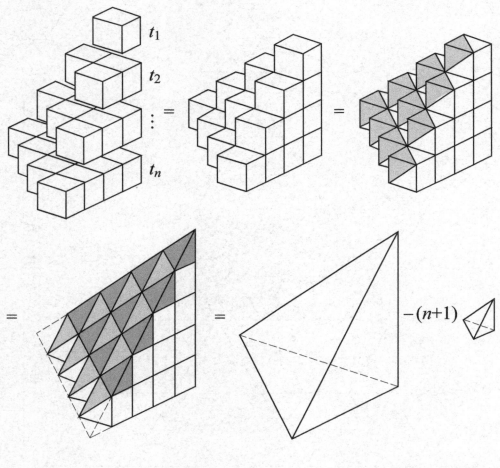

$$t_1 + t_2 + \cdots + t_n = \frac{1}{6}(n+1)^3 - \frac{1}{6}(n+1) = \frac{n(n+1)(n+2)}{6}$$

——罗杰 B. 尼尔森（Roger B. Nelsen）

三角形数的和 II

$$1 + 3 + 6 + 10 + 15 + \cdots + \frac{n(n+1)}{2} = \frac{1}{6}n(n+1)(n+2)$$

$$\Leftrightarrow 3\left(1 + 3 + 6 + 10 + 15 + \cdots \frac{n(n+1)}{2}\right) = (n+2) \times \left[\frac{1}{2}n(n+1)\right]$$

第一步：不妨设 $n = 6$，构造如下由 △ 构成的三角形阵列

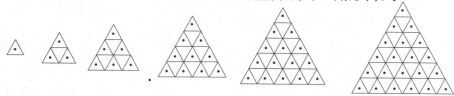

第二步：构造两个辅助三角形阵列并构造如下对接成平行四边形

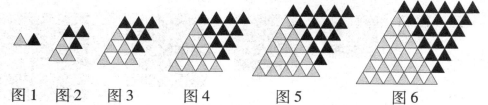

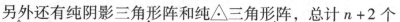

第三步：将图 i 至图 n 中黑色三角形阵里一行 i 个三角形拿出拼成一个平行四边形，再补上图 $i-1$ 中的阴影三角形阵，构成梯形，进而补上第 $n - i - 1$ 个 △ 三角形阵，得到 n 个边长为 n 的三角形阵．（$i = 1, 2, \cdots, n$）

另外还有纯阴影三角形阵和纯 △ 三角形阵，总计 $n + 2$ 个．

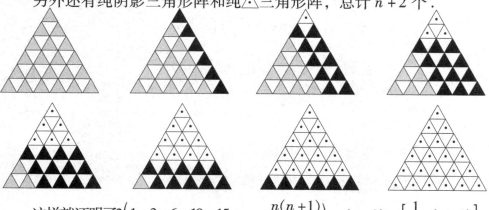

这样就证明了 $3\left(1 + 3 + 6 + 10 + 15 + \cdots + \frac{n(n+1)}{2}\right) = (n+2) \times \left[\frac{1}{2}n(n+1)\right]$.

即 $1 + 3 + 6 + 10 + 15 + \cdots + \frac{n(n+1)}{2} = \frac{1}{6}n(n+1)(n+2)$.

——凌文伟（Wenwei Ling）

四边形数的和

$$1+4+9+16+25+\cdots+n^2=\frac{1}{6}n(n+1)(2n+1)$$

$$\Leftrightarrow 3(1+4+9+16+25+\cdots+n^2)=\frac{1}{2}n(n+1)(2n+1)=(n+1)n^2+\frac{1}{2}n(n+1)$$

例如：$n=6$

第一步：构造白、黑、阴影三个正方形阵列

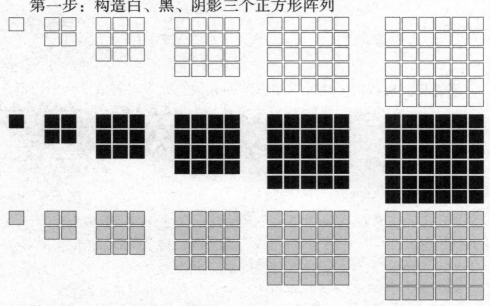

第二步：将白色正方形阵列的主对角线取出，如下图（注意此时图1是空集）

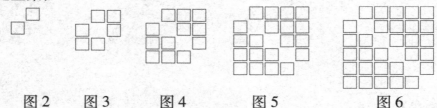

图1　　　图2　　　图3　　　图4　　　图5　　　　图6

将取出的对角线排成三角阵，得到 $\frac{1}{2}n(n+1)$．

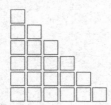

第三步：把图 6 的第一行第一列与对应的黑色、阴影正方形组合构成下图

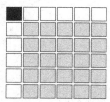

把剩余的图 6 的第一行第一列，以及图 5 的第一行第一列与对应的黑色、阴影正方形组合构成下图

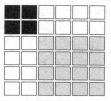

把剩余的图 6、图 5 的第一行第一列，以及图 4 的第一行第一列与对应的黑色、阴影正方形组合构成下图

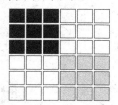

以此类推，再加上纯色的黑色、阴影正方形，共得到如下 7 个正方形，即 $(n+1)n^2.$

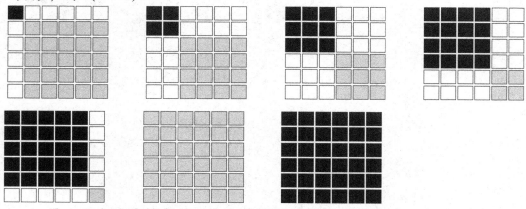

注　此方法为笔者基于凌文伟的原文思路改进得到.

——凌文伟（Wenwei Ling）

通过自相似证明 n 的连续幂的和

对于任何非正整数 $n \geqslant 4$ 及 $k \geqslant 0$，成立

$$1 + n + n^2 + \cdots + n^k = \frac{n^{k+1} - 1}{n - 1}.$$

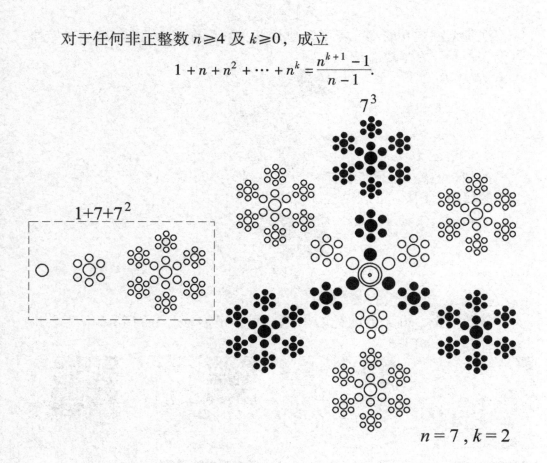

$n = 7, k = 2$

——陈明江（Mingjiang Chen）

毕达哥拉斯三元数组与偶平方数的分解

对毕达哥拉斯三元数组 (a, b, c) 即 $a^2 + b^2 = c^2$，必存在 p，m，n 满足 $p^2 = 2mn$，使得 $a = p + m$，$b = p + n$，$c = p + m + n$.

毕达哥拉斯三元数组与可以分解为

$p^2 = 2mn$ 的偶平方数之间的一一对应

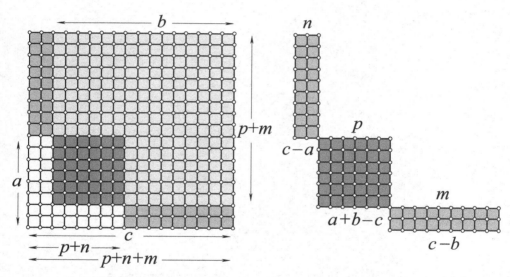

若 $a^2 + b^2 = c^2$，则 $(a + b - c)^2 = 2(c - a)(c - b)$.

若 $p^2 = 2nm$，则 $(p + n)^2 + (p + m)^2 = (p + n + m)^2$.

——何塞·戈麦斯（JOSÉ GOMEZ）

斐波那契梯形

斐波那契梯形

1. $f_n + f_{n+1} = f_{n+2}$

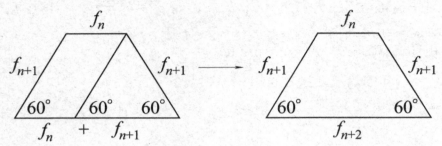

2. 恒等式 $1 + \sum_{k=1}^{n} f_k = f_{n+2}$

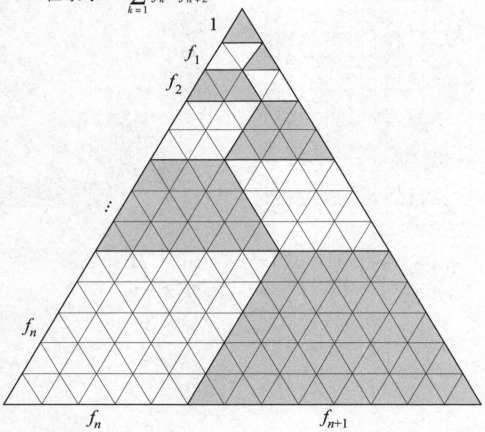

——汉斯　R. 瓦尔泽（Hans R. Walser）

斐波那契平铺

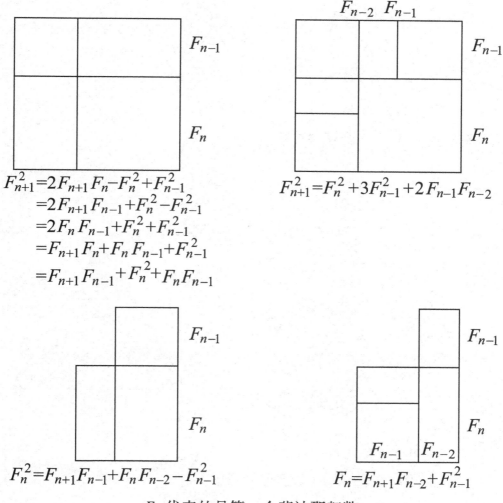

$$F_{n+1}^2 = 2F_{n+1}F_n - F_n^2 + F_{n-1}^2$$
$$= 2F_{n+1}F_{n-1} + F_n^2 - F_{n-1}^2$$
$$= 2F_nF_{n-1} + F_n^2 + F_{n-1}^2$$
$$= F_{n+1}F_n + F_nF_{n-1} + F_{n-1}^2$$
$$= F_{n+1}F_{n-1} + F_n^2 + F_nF_{n-1}$$

$$F_{n+1}^2 = F_n^2 + 3F_{n-1}^2 + 2F_{n-1}F_{n-2}$$

$$F_n^2 = F_{n+1}F_{n-1} + F_nF_{n-2} - F_{n-1}^2$$

$$F_n = F_{n+1}F_{n-2} + F_{n-1}^2$$

F_n 代表的是第 n 个斐波那契数

$$F_{n+1} = F_n + F_{n-1}, \quad F_0 = 0, \quad F_1 = 1.$$

——理查德 L. 奥勒顿（Richard L. Ollerton）

斐波那契三角形及梯形

Ⅰ. 计算三角形个数

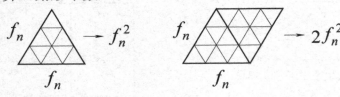

Ⅱ. 恒等式 $f_n^2 + f_{n+1}^2 + \sum_{k=1}^{n} 2f_k^2 = (f_n + f_{n+1})^2$.

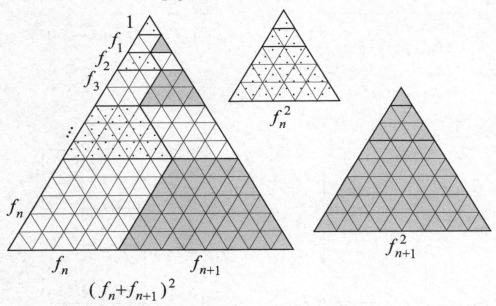

注　这里证明恒等式代数上可以简化为

$$\sum_{k=1}^{n} f_k^2 = f_n f_{n+1}.$$

——安赫尔·普拉萨和汉斯　R. 瓦尔泽（Angel Plaza and Hans　R. Walser）

前 n 个奇数的交错和

$$\sum_{k=1}^{n} (2k-1)(-1)^{n-k} = n$$

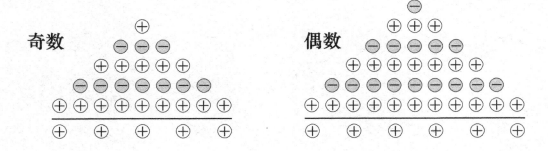

奇数   偶数

——亚瑟 T. 本杰明（Arthur T. Benjamin）

前 $2n$ 个三角形数的交错和

$$t_k = 1 + 2 + \cdots + k \Rightarrow \sum_{k=1}^{2n} (-1)^k t_k = 2t_n$$

例如 $n = 3$：

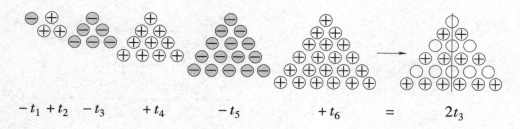

$$-t_1 \quad +t_2 \quad -t_3 \quad +t_4 \quad \quad -t_5 \quad \quad +t_6 \quad = \quad \quad 2t_3$$

——安赫尔．普拉萨（Angel Plaza）

前 n 个奇数的平方的交错和

若 n 为奇数

$$\sum_{k=1}^{n} (2k-1)^2 (-1)^{k-1} = 2n^2 - 1.$$

例如，$n=5$：

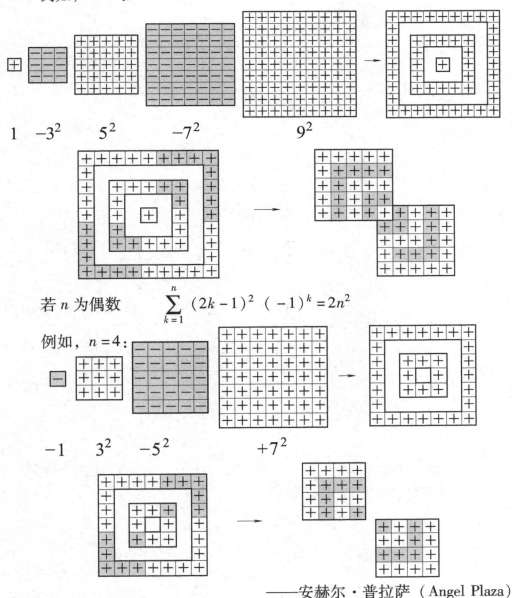

$$1 \quad -3^2 \quad 5^2 \quad -7^2 \quad 9^2$$

若 n 为偶数 $\qquad \sum_{k=1}^{n} (2k-1)^2 (-1)^k = 2n^2$

例如，$n=4$：

$$-1 \quad 3^2 \quad -5^2 \quad +7^2$$

——安赫尔·普拉萨（Angel Plaza）

前 n 个平方数的交错和

$$\sum_{k=1}^{n}(-1)^{n-k}k^2=\binom{n+1}{2}.$$

例如，当 $n=4$ 时，

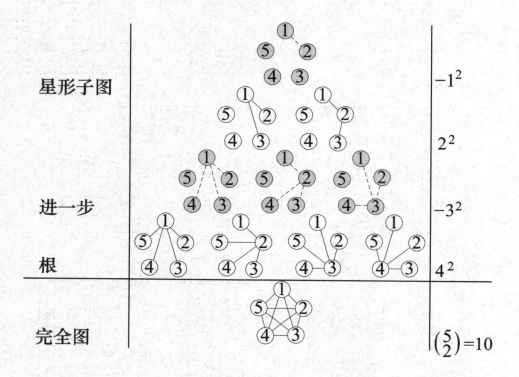

星形子图　　　　　　　　　　　　　　　　　　　　　-1^2

　　　　　　　　　　　　　　　　　　　　　　　　2^2

进一步　　　　　　　　　　　　　　　　　　　　　　-3^2

根　　　　　　　　　　　　　　　　　　　　　　　　4^2

完全图　　　　　　　　　　　　　　　　　　　$\binom{5}{2}=10$

　　注　前 n 个平方数对 $n+1$ 个顶点的完全图．边进行计数，得到前 n 个平方数的交错和的直观证明．

——乔·德玛约（Joe DeMaio）

数列与级数

几何级数 I

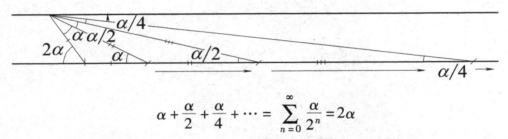

$$\alpha + \frac{\alpha}{2} + \frac{\alpha}{4} + \cdots = \sum_{n=0}^{\infty} \frac{\alpha}{2^n} = 2\alpha$$

注 利用等腰三角形的两底角相等构造几何级数.

——安赫尔·普拉萨（Angel Plaza）

几何级数 II

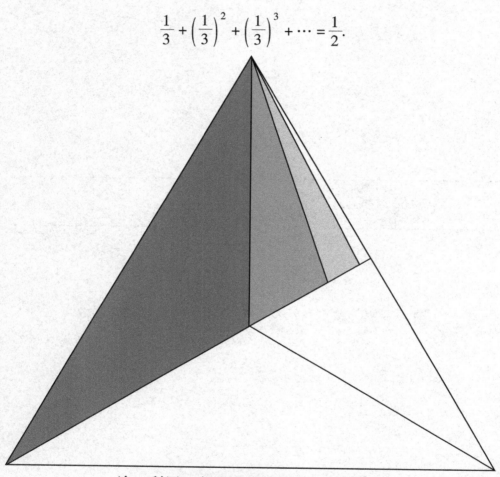

$$\frac{1}{3} + \left(\frac{1}{3}\right)^2 + \left(\frac{1}{3}\right)^3 + \cdots = \frac{1}{2}.$$

注　利用三角形面积和构造几何级数.

——丹尼尔·蒂姆斯（Daniel Timms）

几何级数 III

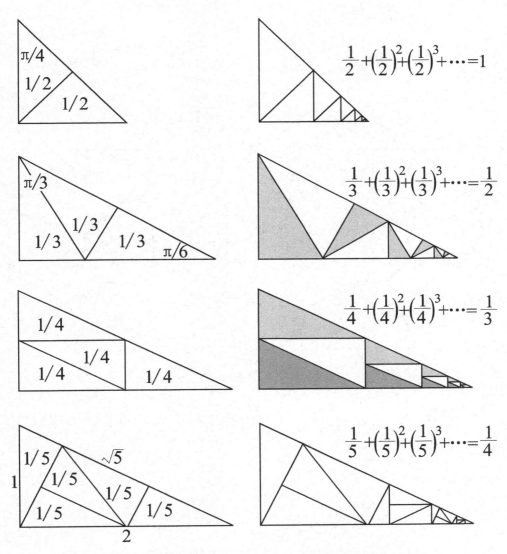

$$\frac{1}{2}+\left(\frac{1}{2}\right)^2+\left(\frac{1}{2}\right)^3+\cdots=1$$

$$\frac{1}{3}+\left(\frac{1}{3}\right)^2+\left(\frac{1}{3}\right)^3+\cdots=\frac{1}{2}$$

$$\frac{1}{4}+\left(\frac{1}{4}\right)^2+\left(\frac{1}{4}\right)^3+\cdots=\frac{1}{3}$$

$$\frac{1}{5}+\left(\frac{1}{5}\right)^2+\left(\frac{1}{5}\right)^3+\cdots=\frac{1}{4}$$

挑战题：你能构造接下来两行的无需语言的证明吗？

注　利用直角三角形的面积和构造几何级数.

——罗杰 B. 尼尔森（Roger B. Nelsen）

几何级数 IV

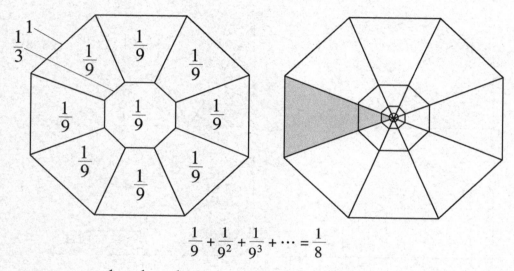

$$\frac{1}{9}+\frac{1}{9^2}+\frac{1}{9^3}+\cdots=\frac{1}{8}$$

一般地，$\dfrac{1}{N}+\dfrac{1}{N^2}+\dfrac{1}{N^3}+\cdots=\dfrac{1}{N-1}$ 可以用正（$N-1$）边形来构造，甚至可以用圆来构造．

——詹姆斯·坦顿（James Tanton）

几何级数 V

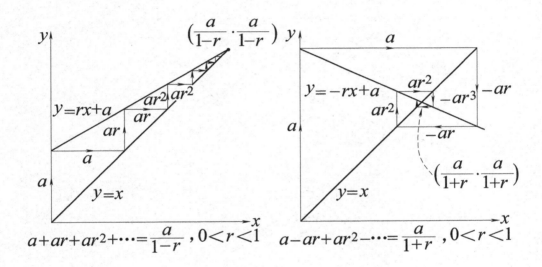

$$a+ar+ar^2+\cdots=\frac{a}{1-r} \ , 0<r<1$$

$$a-ar+ar^2-\cdots=\frac{a}{1+r} \ , 0<r<1$$

——观点 2000 小组（The Viewpoints 2000 Group）

超幂迭代序列的收敛性

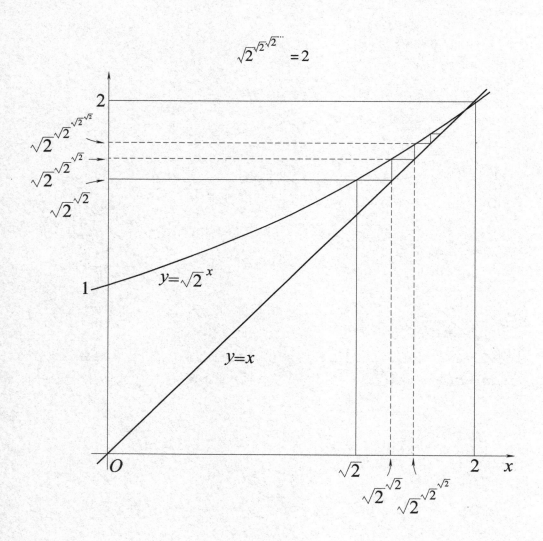

——F. 阿扎尔帕纳（F. Azarpanah）

交错级数

$$1 - \frac{1}{2} + \frac{1}{4} - \frac{1}{8} + \frac{1}{16} - \cdots = \frac{2}{3}$$

证明：

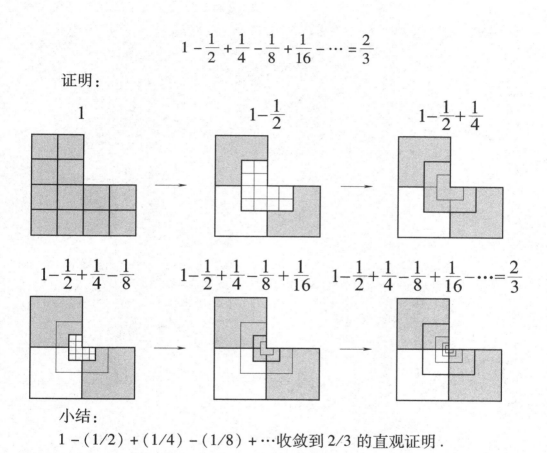

小结：

$1 - (1/2) + (1/4) - (1/8) + \cdots$ 收敛到 $2/3$ 的直观证明.

——罗杰 B. 尼尔森（Roger B. Nelsen）

交错调和级数收敛到 ln2

$$\sum_{n=0}^{\infty} (-1)^n \frac{1}{n+1} = \ln 2.$$

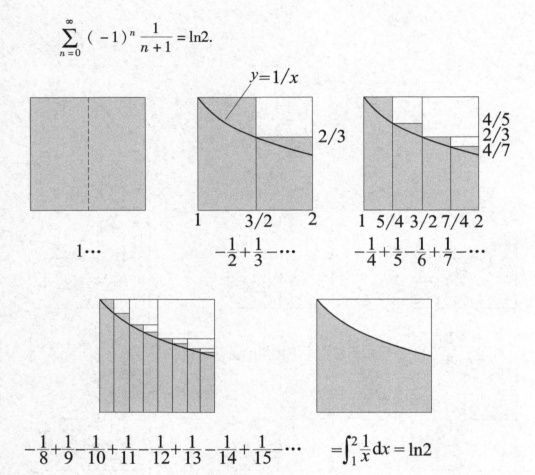

$$-\frac{1}{8}+\frac{1}{9}-\frac{1}{10}+\frac{1}{11}-\frac{1}{12}+\frac{1}{13}-\frac{1}{14}+\frac{1}{15}-\cdots \qquad =\int_1^2 \frac{1}{x}\,\mathrm{d}x = \ln 2$$

——马特·胡德森（Matt Hudelson）

注 我们从几何上展示了交错调和级数的和收敛至 ln2. 这种做法是通过用矩形代替它的小区域来实现的.

我们可以从曲线 $y=\dfrac{1}{x}$ 下方 x 轴上方以及 $x=1$ 和 $x=2$ 围成的区域面积得到交错调和级数的极限.

门弋利级数

彼德罗·门弋利提出下面级数求和问题并且解决了 $1 \leqslant k \leqslant 10$ 的情形.

$$\sum_{n=1}^{\infty} \frac{k}{n(n+k)} = 1 + \frac{1}{2} + \frac{1}{3} + \cdots + \frac{1}{k}$$

我们给出 $k=3$ 时的情形.

$$\frac{3}{n(n+3)} = \frac{1}{n} - \frac{1}{n+3} \Rightarrow$$

$$\sum_{n=1}^{\infty} \frac{3}{n(n+3)} = 1 - \frac{1}{4} + \frac{1}{2} - \frac{1}{5} + \frac{1}{3} - \frac{1}{6} + \frac{1}{4} - \cdots = 1 + \frac{1}{2} + \frac{1}{3}$$

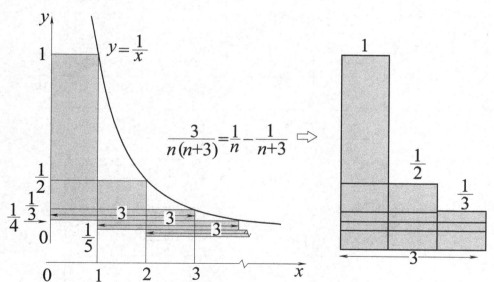

——安赫尔·普拉萨（Angel Plaza）

无穷级数的和

$$\sum_{k=1}^{n} (-1)^{k-1} \left(\frac{1}{3}\right)^{k-1} = 1 - \frac{1}{3} + \frac{1}{9} - \frac{1}{27} + \frac{1}{81} - \frac{1}{243} + \frac{1}{729} - \cdots = \frac{3}{4}$$

$$1$$

$$1 - \frac{1}{3}$$

$$1 - \frac{1}{3} + \frac{1}{9}$$

$$1 - \frac{1}{3} + \frac{1}{9} - \frac{1}{27}$$

$$1 - \frac{1}{3} + \frac{1}{9} - \frac{1}{27} + \frac{1}{81}$$

$$1 - \frac{1}{3} + \frac{1}{9} - \frac{1}{27} + \frac{1}{81} - \frac{1}{243}$$

$$1 - \frac{1}{3} + \frac{1}{9} - \frac{1}{27} + \frac{1}{81} - \frac{1}{243} + \frac{1}{729} - \cdots = \frac{3}{4}$$

——哈桑 · 于纳尔（Hasan Unal）

其 他

$\sqrt{2}$是无理数

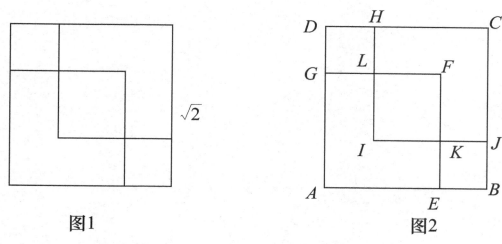

图1   图2

图 1 是一个无需语言的证明. 它说明了 $\sqrt{2}$ 是无理数. 为了说明方便, 我们将图 1 加上字母, 如图 2 所示. 如果 $\sqrt{2}$ 是有理数, 设 $\sqrt{2} = \dfrac{p}{q}$, 其中 p、q 互质, 且均为正整数. 设正方形 $ABCD$ 的边长为 p, 正方形 $AEFG$ 和正方形 $IJCH$ 的边长都为 q. 则由 $\sqrt{2} = \dfrac{p}{q}$, 得 $p^2 = 2q^2$. 由图 2 可知, $p^2 = 2q^2$ 指 $S_{\text{正方形}ABCD} = 2S_{\text{正方形}AEFG} = 2S_{\text{正方形}IJCH} = S_{\text{正方形}AEFG} + S_{\text{正方形}IJCH}$, 那么对于正方形 $ABCD$ 的面积而言, $S_{\text{正方形}}$ 计算了两次, 遗漏了 $S_{\text{正方形}EBJK}$ 和 $S_{\text{正方形}GLHD}$, 所以 $S_{\text{正方形}} = 2S_{\text{正方形}EBKJ} = 2S_{\text{正方形}GLHD}$.

这说明 $[p - 2(p - q)]^2 = 2(p - q)^2$, 即 $(2q - p)^2 = 2(p - q)^2$. 其中 $2q - p < p$, $p - q < q$, 这表明, 在 $\sqrt{2} = \dfrac{p}{q}$ 的基础上, 我们又找到了 "更小" 的正整数 $2q - p$ 和 $p - q$, 使得 $\sqrt{2} = \dfrac{2q - p}{p - q}$. 这一过程可以无限延续下去, 说明 $\sqrt{2}$ 无法用最简分数表示, 因此它是无理数.

——彭翕成（Xicheng Peng）

黄金分割数是无理数

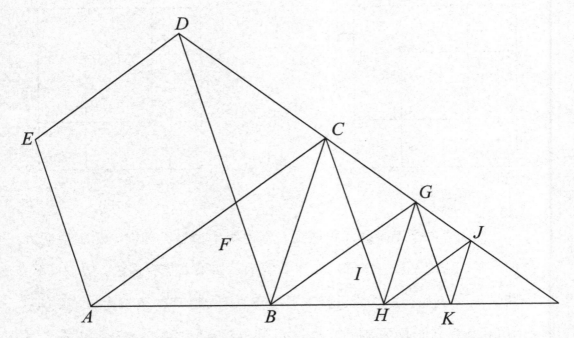

注 作正五边形 *ABGDE*，在 *AC* 上取点 *F*，使得 *AF* = *AB*（实质上 *F* 也是 *AC* 与 *BD* 的交点）。在 *AE*、*DC* 的延长线上分别截取 *BH*、*CG* 等于 *CF*，这样就构造出一个较小的正五边形 *BHGCF*。同样地，我们可以构造出正五边形 *HKJGI*⋯，前一个正五边形对角线与边长之差成为后一个正五边形的边长，前一个正五边形的边长等于后一个正五边形的对角线的长。这相当于一个辗转相减的过程。这一过程可以无休止地进行下去。这就说明正五边形的一边与对角线的比值是个无理数，这个无理数就是 $\dfrac{\sqrt{5}-1}{2}$，即著名的黄金分割数。

——彭翕成（Xicheng Peng）

柳卡问题

柳卡问题：某轮船公司每天中午都有一艘轮船从哈佛开往纽约，并且每天的同一时刻也有一艘轮船从纽约开往哈佛．轮船在途中所花的时间来去都是 7 昼夜，而且都是匀速航行在同一航线上．问今天中午从哈佛开出的轮船．在开往纽约的航程中，将会遇到几艘该公司的轮船从对面开来？

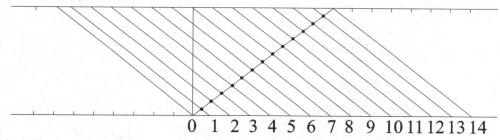

0 1 2 3 4 5 6 7 8 9 10 11 12 13 14

注 从左下角到右上角的线段，与"途中"的平行线段有 15 个交点，故与同一公司从对面开来的 15 艘船在航行中相遇．

——罗增儒（Zengru Luo）

二项式系数的一个恒等关系

$$\binom{n+m}{2} = \binom{n}{2} + \binom{m}{2} + nm$$

例如 $n = 5$，$m = 3$.

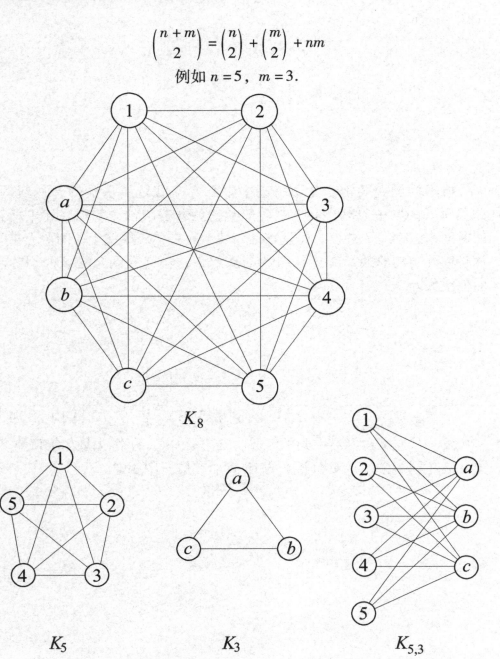

K_8

K_5 K_3 $K_{5,3}$

——乔·德玛约（Joe Demaio）

分割冷冻蛋糕

一块表面均匀覆盖着奶油的长方体蛋糕，如何切割，才能平均分给 n 个人，使得每个人得到奶油和蛋糕都一样多？

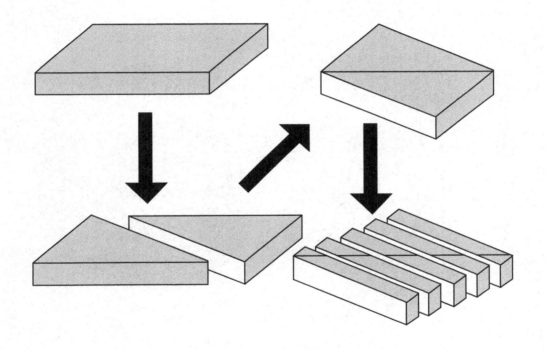

——尼古拉斯·圣福德 (Nicholaus Sanford)

某种立体图形的外接球面

如图是所有棱长为 1 的正 n 边形直棱柱与正 n 棱锥叠放所成的图形，能够包住它的最小球面是单位球。

对于 $n = 3$、4、5：

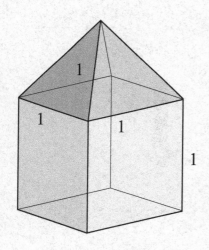
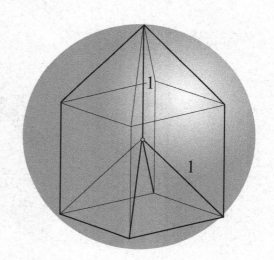

——戴维德·塞帕拉·霍特茨曼（David Seppala-Holtzman）

Z × Z 是康托集

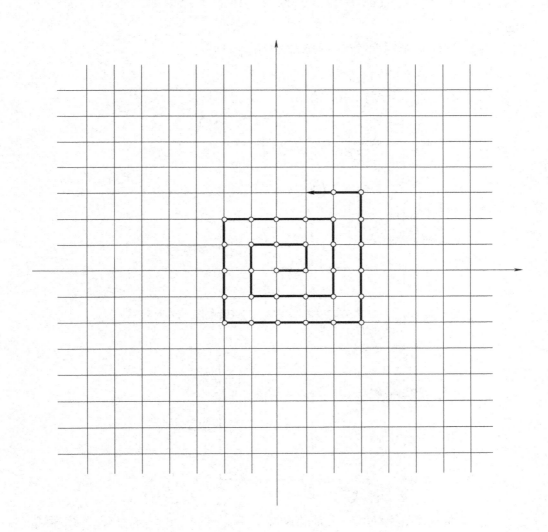

——德斯·麦克海尔（Des Machale）

一道普特南数学竞赛题

　　球队统计员统计了篮球明星沙奎尔·奥尼尔的罚球表现。赛季初期在他前 N 次罚球时命中率小于80%. 在赛季结束时，投球的命中率超过80%.

　　问是否有一个时刻恰好罚球命中率为80%？

　　解：

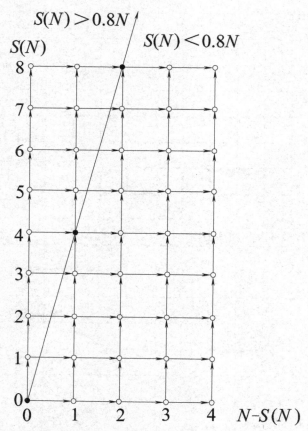

　　1. 现在读者可以回答下面的两个问题，如果奥尼尔开始时罚球命中率超过80%，而结束时命中率少于80%上述结论还成立吗？

　　2. 如果将80%数字换成其他哪些数值这个问题答案仍然会成立？

——罗伯特 J. 麦克吉·道森（Robert J. Macg. Dawson）

文 献 索 引

The College Mathematics Journal，Vol. 43，No. 3（May 2012），p. 226

和毕达哥拉斯定理类似的定理 I

The College Mathematics Journal，Vol. 34，No. 2（Mar.，2003），pp. 168-172

和毕达哥拉斯定理类似的定理 II

The College Mathematics Journal，Vol. 35，No. 3（May，2004），pp. 213-215

和毕达哥拉斯定理类似的定理 III

The College Mathematics Journal，Vol. 41，No. 5（November 2010），p. 370

每个三角形均有无穷多个内接等边三角形

Mathematics Magazine，Vol. 75，No. 2（Apr.，2002），p. 138

通过三角形内心的直线的一个性质

Mathematics Magazine，Vol. 75，No. 3（Jun.，2002），p. 214

等边三角形内切圆的半径

Mathematics Magazine，Vol. 79，No. 2（Apr.，2006），p. 121

直角三角形的面积公式

Mathematics Magazine，Vol. 80，No. 1（Feb.，2007），p. 45

每个三角形均可以分割为 6 个等腰三角形

Mathematics Magazine，Vol. 80，No. 3（Jun.，2007），p. 195

等腰三角形的分割

Mathematics Magazine，Vol. 81，No. 5（Dec.，2008），p. 366

锐角三角形的卡诺定理

The College Mathematics Journal，Vol. 39，No. 2（Mar.，2008），p. 111

托勒密定理

The College Mathematics Journal，Vol. 43，No. 5（November 2012），p. 386

托勒密不等式

Mathematics Magazine，Vol. 87，No. 4（October　2014），p. 359

代数恒等式

The Mathematical Gazette，Vol. 85，No. 504（Nov.，2001），p. 479

坎迪多恒等式

Mathematics Magazine，Vol. 78，No. 2（Apr.，2005），p. 131

三角、微积分与解析几何

两角差的余弦公式 I

金国林. 将无字证明引入课堂［J］. 数学教学，2010（7）：6

两角差的余弦公式 II

Mathematics Magazine，Vol. 75，No. 5（Dec.，2002），p. 398

维尔斯特拉斯代换（万能公式）

Mathematics Magazine，Vol. 74，No. 5（Dec.，2001），p. 393

两角和的正切公式

　Mathematics Magazine，Vol. 81，No. 4（Oct.，2008），p. 295

二倍角的正弦、余弦公式

　The College Mathematics Journal，Vol. 41，No. 5（November 2010），p. 392

三倍角的正弦、余弦公式

　Mathematics Magazine，Vol. 85，No. 1（February 2012），p. 43

余弦定理 I

刘超．余弦定理的无字证明．中学数学杂志［J］．2011（5）：26-27

余弦定理 II

刘超．余弦定理的无字证明．中学数学杂志［J］．2011（5）：26-27

余弦定理 III

刘超．余弦定理的无字证明．中学数学杂志［J］．2011（5）：26-27

正弦不等式

中小学数学 2013 年 1-2 月（中旬）

正切不等式

Mathematics Magazine，Vol. 83，No. 2（April 2010），p. 110

正弦函数的子可加性

张景中．数学家的眼光［M］．北京：中国少年儿童出版社，2011

在［0，π］上正弦函数的子可加性 II

The College Mathematics Journal，Vol. 43，No. 5（November 2012），p. 376

看啊！无可替代！

Mathematics Magazine，Vol. 74，No. 1（Feb.，2001），p. 55

摆线长公式

The Mathematical Gazette，Vol. 89，No. 515（Jul.，2005），p. 250

不等式

调和平均数-几何平均数-算术平均数之间的不等式

Mathematics Magazine，Vol. 82，No. 2（April 2009），p. 116

平方平均数-算术平均数-几何平均数-调和平均数之间的不等式

仓万林．"无字证明"赏析．中小学数学（高中版）［J］．2005

一组基本不等式的证明

孙思明．用心做教育［M］．北京：高等教育出版社，2005

柯西-施瓦茨不等式 I

孙思明．用心做教育［M］．北京：高等教育出版社，2005

柯西－施瓦茨不等式 II

Mathematics Magazine，Vol. 77，No. 1（Feb.，2004），p. 30

与和为 1 的两数相关的不等式

Mathematics Magazine，Vol. 84，No. 3（June 2011），p. 228

与和为定值的两数相关的不等式

殷长征．一个不等式的无字证明．中学生数学（高中版）［J］2010：8

无理不等式

朱育光．无字证明一例．中学生数学（高中版）［J］．2013：3

两类无理不等式

高中数学教与学　2013 年第 13 期

指数不等式

Mathematics Magazine，Vol. 81，No. 5（Dec.，2008），p. 374

伯努利不等式

Mathematics Magazine，Vol. 82，No. 1（Feb.，2009），p. 62

关于自然对数 e 的斯坦纳问题

Mathematics Magazine，Vol. 82，No. 2（April 2009），p. 102

整数求和

等差数列的部分和

The College Mathematics Journal，Vol. 43，No. 4（September 2012），p. 321

三角形数的一个恒等式

The Mathematical Gazette，Vol. 89，No. 514（Mar.，2005），p. 46

立方和公式 I

The Mathematical Gazette，Vol. 86，No. 506（Jul.，2002），pp. 267－268

立方和公式 II

Mathematics Magazine，Vol. 85，No. 5（December 2012），p. 360

三角形数的和 I

Mathematics Magazine，Vol. 78，No. 3（Jun.，2005），p. 231

三角形数的和 II

凌文伟，文献不详

四边形数的和

凌文伟，文献不详

通过自相似证明 n 的连续幂的和

数列与级数

门戈利级数

Mathematics Magazine, Vol. 83, No. 2 (April 2010), p. 140

无穷级数的和

The College Mathematics Journal, Vol. 40, No. 1 (Jan., 2009), p. 39

其他

$\sqrt{2}$ 是无理数

希成. 此处无声胜有声. 中学生数理化 [J]. 2010：29

黄金分割数是无理数

希成. 此处无声胜有声. 中学生数理化：29

柳卡问题

罗增儒. 数学的领悟 [M]. 郑州：河南科技出版社 1998

二项式系数的一个恒等关系

Mathematics Magazine, Vol. 80, No. 3 (Jun., 2007), p. 182Published

分割冷冻蛋糕

Mathematics Magazine, Vol. 75, No. 4 (Oct., 2002), p. 283

放置在球中的三个加顶的棱柱体

The College Mathematics Journal, Vol. 45, No. 1 (January 2014), p. 49

$Z \times Z$ 是 康托集

Mathematics Magazine, Vol. 77, No. 1 (Feb., 2004), p. 55

一道普特南数学竞赛题

Mathematics Magazine, Vol. 79, No. 2 (Apr., 2006), p. 149